EL FINAL DE LA ERA DEL PETRÓLEO BARATO

JOAQUIM SEMPERE Y ENRIC TELLO (COORDS.)

EL FINAL DE LA ERA DEL PÉTROLEO BARATO

Icaria Antrazyt
ECONOMÍA

Esta edición ha contado con la colaboración del Centro de Investigación para la Paz (CIP-FUHEM).

CIP

El Centro de Investigación para la Paz (CIP-FUHEM) es un espacio de reflexión crítica centrado en analizar las tendencias y cambios profundos de nuestro tiempo.

Creado por FUHEM en 1984, se orientó inicialmente, desde una perspectiva multidisciplinar, al análisis de la amenaza que ejercía el contexto de la Guerra Fría sobre la paz. El estudio de la globalización, el sistema multilateral, los derechos humanos, la ecología, las migraciones, las identidades y la educación para la paz y el desarrollo, han ido enriqueciendo su visión a lo largo de los años. En la actualidad, centra su atención en los retos que plantea a las sociedades actuales la búsqueda de la sostenibilidad, la cohesión social y la profundización y mejora de la calidad de la democracia.

Más información en la página web: www.cip.fuhem.es

Libro Amigo de los Bosques GREENPEACE

El papel de este libro es 100% reciclado, es decir, procede de la recuperación y el reciclaje del papel ya utilizado. La fabricación y utilización de papel reciclado supone el ahorro de energía, agua y madera, y una menor emisión de sustancias contaminantes a los ríos y la atmósfera. De manera especial, la utilización de papel reciclado evita la tala de árboles para producir papel.

Diseño de la cubierta: Josep Bagà
Fotografía de la cubierta: Adriana Fàgregas

Icaria editorial, s. a.
Arc de Sant Cristòfol, 11-23
08003 Barcelona
www. icariaeditorial. com

Primera edición: febrero de 2007
ISBN: 978-84-7426-947-5
Depósito legal: B-4.818-2008

Fotocomposición: Text Gràfic

Impreso a Romanyà/Valls, s. a.
Verdaguer, 1, Capellades (Barcelona).

Todos los libros de esta colección están impresos sobre papel reciclado

ÍNDICE

ANEXOS

INTRODUCCIÓN.
DEL FINAL DEL PETRÓLEO A LA TRANSICIÓN ENERGÉTICA*

Joaquim Sempere y Enric Tello

Nuestra dependencia del petróleo es enorme. Es el símbolo de una época iniciada a finales del siglo XVIII, cuando en Gran Bretaña se empezó a incrementar exponencialmente la extracción del carbón de piedra que abundaba en el subsuelo del país. Significativamente eso ocurrió en medio de una crisis energética, de alcance todavía regional, provocada por la deforestación de las islas británicas. La máquina de vapor, movida por carbón, permitió bombear primero a bajo coste el agua que inundaba las minas, y conseguir después un motor universal para la naciente industria fabril capitalista. Ese juego de interdependencias entre avance técnico, energía y recursos naturales muestra que los problemas energéticos deben considerarse siempre en su contexto social, técnico y económico.

El carbón fue la fuente principal de energía inanimada hasta que —por poner una fecha, siempre arbitraria— la Armada imperial británica decidió mover sus buques con petróleo a principios del siglo XX. El motor de combustión interna, inventado unos decenios antes, permitió su aplicación masiva en el transporte. La turbina y el generador eléctrico, su extensión a la generación de electricidad. Hoy, los derivados del petróleo representan en torno al 40% de toda la energía primaria consumida por lo seres humanos, y cerca del 95% de la empleada en el transpor-

*Este volumen reproduce buena parte del contenido del núm. 98 de la revista *mientras tanto* (primavera de 2006), además de tres contribuciones y dos anexos nuevos. Los artículos reproducidos, incluida la presentación, han sido ampliados y actualizados, con modificaciones a veces substanciales.

te mundial, otorgando al *oro negro* un papel estratégico de primer orden. Con el carbón y el gas natural, el petróleo forma parte de la tríada fósil que aporta cerca del 80% de toda la energía primaria consumida en el mundo.

El final de una matriz energética

Dos factores impiden que la era del petróleo pueda seguir sosteniendo el metabolismo social del mundo en el siglo XXI, como lo ha hecho en el siglo XX: la perspectiva de su encarecimiento creciente y el cambio climático. Debido a la emisión de CO_2 a la atmósfera, la quema de combustibles fósiles es la fuente principal del reforzamiento humano del efecto invernadero, cuyo resultado es un cambio climático de consecuencias tan peligrosas como impredecibles. Jordi Roca examina las dimensiones económicas y ecológicas del problema en el capítulo sobre el Protocolo de Kioto del presente libro. El consenso general del mundo científico sobre la realidad del efecto invernadero, y los riesgos que conlleva, deberían bastar para programar un rápido abandono de las fuentes energéticas fósiles antes incluso de que se considere seriamente la perspectiva de su agotamiento *físico*, que muchos analistas consideran aún lejano, o la rarefacción creciente de su extracción *barata*, que muchos otros sitúan en horizontes cercanos e incluso inmediatos. No es ésta, sin embargo, la actitud adoptada por los poderes económicos y políticos que hoy dominan el mundo. Más bien se parece todavía al chiste de «El Roto» en el que un trajeado automovilista al volante de un flamante descapotable proclama sonriente: «¡lo acaban de dar por la radio: el desarrollo insostenible tiene un gran futuro!».

Si en vez de obedecer a los miopes intereses o caprichos del capital privado la toma de decisiones políticas se orientara de verdad a la satisfacción sostenible de las necesidades humanas básicas, el agotamiento del petróleo barato debería verse desde una perspectiva histórica más amplia como el fin de una matriz energética sustentada en las fuentes energéticas fósiles. Lo cual exige plantear, tarde o temprano, cambios radicales en las sociedades humanas y su metabolismo con la naturaleza. Ernest García y Josep Puig exploran en sus trabajos respectivos varios escenarios posibles y diversos interrogantes aún abiertos para la transición hacia una «sociedad post-fosilista».

Además del efecto invernadero y sus previsibles consecuencias ambientales —cambio climático, subida del nivel del mar, drástica reducción de la biodiversidad—, el fin de las energías fósiles baratas plantea otra serie de riesgos socioeconómicos directamente asociados al papel que han llegado a desempeñar en nuestras vidas. El petróleo y el gas se han convertido en un *fluido vital* que mantiene una infinidad de actividades cotidianas en la producción, el consumo, la localización o la vivienda. Y el transporte ha adquirido, gracias al crudo barato, unas dimensiones enfermizas. Ya no sirve sólo para que los seres humanos viajemos o las mercancías circulen desde el lugar de producción a su lugar de consumo. También hace posibles formas de división territorial del trabajo aberrantes, donde los componentes se fabrican en puntos muy distantes entre sí y los productos intermedios recorren miles de kilómetros hasta su ensamblaje final. La mundialización económica ha convertido el transporte a larga distancia en una *enfermedad* civilizatoria. La extrema disociación espacial de actividades y residencias genera una movilidad *obligada* y *excesiva* que sólo resulta económicamente viable mientras los carburantes se pagan artificialmente baratos al no incorporar en su precio todos los costes sociales y ecológicos que generan (y en el combustible de aviación ni siquiera se paga impuesto alguno, lo que le convierte en otro *paraíso fiscal*).

Reconsiderar el entero modo de vivir

Por eso, el horizonte de una era post-fosilista obliga a reconsiderar el modo de producir, comerciar, residir y consumir. No está nada claro que a largo plazo pueda mantenerse con fuentes alternativas el elevadísimo consumo de energía exosomática actual en los países ricos, y menos aún hacerlo extensivo a ocho o diez mil millones de personas. Sólo en España, para cumplir la directiva europea que obliga para el año 2010 a cubrir con biocombustibles un 5,75% del transporte haría falta destinar a cultivos de oleaginosas y plantas ricas en azúcar o almidón unos 12 millones de hectáreas, cuando actualmente se cultivan... ¡50 millones! Imaginemos qué ocurriría con un porcentaje mayor. Óscar Carpintero y Jorge Riechmann evalúan el potencial de los biocarburantes con unas conclusiones demoledoras. Los biocarburantes no son una alternativa a los derivados del petróleo para el transporte mecánico. Y no sólo porque los balances energéticos son negativos o dan un superávit insignificante, sino también por razones sociales que ya empiezan a ser visibles. La demanda de maíz para las fábricas de bioetanol que se están instalando estos últimos tiempos en Estados Unidos ha tirado bruscamente de la demanda de este cereal incrementando su precio hasta en un 50%. Los pobres de México se han visto perjudicados por este aumento del precio en un alimento que es una parte substancial de su dieta y han salido a la calle a protestar. El caso pone al descubierto los peligros de un libre mercado que destruye la soberanía y la seguridad alimentaria de los países más vulnerables y, en particular, de los que han sido transformados en importadores de alimentos. A la vez, desvela la tragedia de un mundo con desigualdades enormes e interdependencias mercantiles tan densas que puede ocurrir —y está empezando a ocurrir— que los cultivos de plantas energéticas destinados a mover vehículos compitan con la producción de alimento y condenen al hambre a millones de personas como simple efecto de las enormes desigualdades de poder adquisitivo en un mercado alimentario mundializado. Pocas veces había sido tan evidente que la opulencia de unos pocos tiene una relación directa con la miseria de otros muchos.

Si los biocarburantes no pueden reemplazar los enormes volúmenes de derivados del petróleo que quemamos en el transporte, ¿sería posible producir la electricidad suficiente para obtener por hidrólisis la cantidad de hidrógeno —que algunos consideran la fórmula mágica para el futuro del transporte— necesaria para mantener en uso el actual parque automovilístico? En el caso del hidrógeno las incertidumbres técnicas son aún mayores, pero lo poco que ya sabemos tampoco induce a un optimismo tecnológico como salida fácil a la crisis energética de la actual civilización industrial. Como los biocombustibles, también comportará un elevado requerimiento territorial, pues mover con la «economía del hidrógeno» una inmensa flota de vehículos requeriría sobredimensionar considerablemente la potencia instalada de parques eólicos y huertas solares fotovoltaicas. Por eso, cualquier modelo alternativo de transporte debe empezar reduciendo drásticamente la movilidad obligada de mercancías y personas y, a continuación, dar prioridad al ferrocarril o cualquier otro sistema que, como los tranvías y el metro, pueden emplear directamente la electricidad disponible en una red.

La dimensión territorial. Ecoeficiencia y suficiencia

La encrucijada energética en que se encuentra la civilización industrial capitalista adquiere una ineludible dimensión territorial estrechamente relacionada con el impacto ambiental o paisajístico de las energías renovables emergentes. Sólo algunas personas suficientemente formadas e informadas parecen comprender la verdadera raíz de esos impactos territoriales que va a comportar, necesariamente, cualquier transición hacia una nueva era solar. Hace ya mucho tiempo que Ramon Margalef había puesto el dedo en esa llaga: emplear flujos energéticos de menor concentración, como lo son los renovables, «exige emplear máquinas muy grandes» —nos decía Margalef—, «o un gran número de máquinas pequeñas conectadas a una red». Dicho de otro modo: si han de proporcionar energía suficiente para reemplazar los actuales consumos de energías fósiles y nucleares, los convertidores solares directos o indirectos —como los aerogeneradores— van a exigir mucho espacio. Las energías renovables son *hermosas*, pero si deben ser también poderosas no podrán nunca ser sólo *pequeñas*.

Para comprender mejor de qué cambio de modelo territorial estamos hablando resulta conveniente tomar un poco de perspectiva histórica. Durante milenios todos los sistemas energéticos de las economías preindustriales se basaron en el control del territorio, porque casi la totalidad de sus flujos partían, directa o indirectamente, de la conversión de la energía solar en biomasa agrícola o forestal a través de la fotosíntesis. De ahí que las «guerras por los recursos» tomaran principalmente la forma de guerras para conquistar territorios, y sólo secundariamente para capturar esclavos. La era del carbón y el petróleo desplazó después la base del sistema energético, desde la energía solar fijada en el suelo por la fotosíntesis, hacia ciertos yacimientos de energía fósil puntualmente muy concentrada en el subsuelo. Por eso, las «guerras por los recursos» han tenido en el siglo XX a los pozos de petróleo y gas natural como escenario estratégico.

Cuando ahora encaramos otra vez la transición hacia una nueva era solar tecnológicamente más avanzada, mucha gente empieza a descubrir con cierto desagrado que para lograr «que lo pequeño sea poderoso» necesitamos emplear otra vez mucho territorio, y un territorio cada vez más cercano a nuestra propia vista. Revertir la actual globalización capitalista insostenible significa, entre otras cosas, que al menos una parte de los impactos que el mundo opulento ha estado proyectando sobre las regiones empobrecidas del mundo reaparezcan —aunque con formas y órdenes de magnitud notablemente inferiores— delante de sus propias narices. Eso es lo que significa realmente *relocalizar* de nuevo los flujos de nuestro metabolismo social, para hacerlos a la vez ecológicamente más sostenibles y democráticamente controlables. Es verdad que hay mucho que ganar en ese cambio. Pero tampoco nada de todo eso podrá hacerse sin asumir *algún* coste en los territorios del primer mundo, donde resulta ya imprescindible encontrar los espacios adecuados para instalar parques eólicos y tejados o huertas solares. La *ecoeficiencia* territorial debe ser la clave para un despliegue de las energías renovables que resulte compatible con el buen estado de los sistemas naturales del territorio, y la salvaguarda de su biodiversidad.

Más allá de esa nueva ecoeficiencia global de la producción y la localización en el territorio, cualquier transición energética que quiera encaminarse de verdad hacia un mundo más sostenible, igualitario y democrático deberá encarar de frente, también, un horizonte de *suficiencia* en el consumo. Como ya proclamó Gandhi en su tiempo, la Tierra dispone de recursos suficientes para satisfacer dignamente las necesidades de todo el mundo, pero no para sostener los caprichos de unos cuantos (especialmente si esos cuantos se multiplican en una «espiral de consumo» sin fin). De nuevo es útil contemplar la complejidad de esa encrucijada a la luz de la experiencia histórica pasada. A lo largo de la historia, nunca ninguna transformación importante del metabolismo social de la especie humana ha sido sólo tecnológica. Siempre ha comportado, al mismo tiempo, cambios sociales, culturales y también políticos de gran calado. Para que pueda abrirnos el camino hacia una humanidad justa en una Tierra habitable, donde quepan de verdad todos los mundos de nuestro mundo, el cambio civilizatorio que tenemos por delante deberá transcurrir *a la vez* por una senda de ecoeficiencia, suficiencia y equidad global.

Riesgos nucleares y geopolítica del petróleo. Energía, militarismo y guerra

Ante ese escenario abierto a cambios de tal magnitud —que resultan sin duda inquietantes a los mandamases del mundo, y también a franjas nada despreciables de las masas opulentas del primer mundo consumista— no resulta sorprendente que los pronucleares cabalguen de nuevo. No son sólo el *lobby* nuclear de siempre. Ahora se les añaden destacados portavoces de las patronales y dirigentes políticos como Tony Blair o Joaquín Almunia, junto a algún dirigente sindical como José Mª Fidalgo de CCOO. A unos y a otros les quita el sueño la imagen de fábricas cerradas y miles y miles de parados por falta de suministro energético, y quieren soluciones expeditivas: no están dispuestos a considerar transformaciones sistémicas profundas y a largo plazo. Josep Puig analiza qué supondría sustituir por centrales nucleares todas las centrales eléctricas que usan energías fósiles, para concluir que el uranio se agotaría en doce años dejando una herencia envenenada y, además, económicamente ruinosa de residuos nucleares, pues es un secreto a voces que las centrales nucleares sólo se han podido mantener en funcionamiento gracias a cuantiosas subvenciones públicas y al ocultamiento de sus externalidades en la contabilidad económica de sus costes. A pesar de ésta y otras muchas buenas razones para abandonar la opción nuclear, hay que prepararse para una ofensiva pronuclear en toda regla. Sus verdaderos motivos están en otro lugar, de nuevo muy bien desentrañado por otro chiste de «El Roto» donde el presidente de un gobierno o una gran compañía —para el caso tanto da—, sentado frente a sus ministros o asesores, les formula la siguiente pregunta: «la destrucción del planeta es vital para la supervivencia del sistema, y viceversa…¿qué hacemos?».

No es un pregunta baladí cuando se intentan desentrañar los motivos y razones que subyacen a unas políticas energéticas cada vez más belicistas e imperialistas. Eduardo Giordano aborda en su texto una disección de los factores geopolíticos coyunturales que han influido en las recientes subidas del precio del crudo, o en el propósito que inspira la intervención imperialista de los Estados Unidos en Oriente Medio, atendiendo al papel de la oligarquía petrolera interna, la dependencia financiera de la economía estadounidense de un dólar caro y capaz de atraer crecientes flujos de ahorro mundial, o el intento de contrarrestar los efectos del cierre de empresas y sectores tradicionales con el gasto público armamentista. En su recuento de los intereses privados estadounidenses favorables a un petróleo caro, Giordano pone en duda la afirmación de muchos economistas de que el encarecimiento del petróleo cuesta a la economía estadounidense una reducción del crecimiento económico. La oligarquía petrolera puede estar interesada en un petróleo caro, y parece que la política de Bush sirve directamente a esos intereses. Pero, ¿cómo puede interesar un petróleo caro al resto de los poderes fácticos de los Estados Unidos si la altísima intensidad energívora de su economía la convierte en una de las más vulnerables al encarecimiento?

Cabe albergar la sospecha que quizá ambas cosas sean ciertas, sin dejar por ello de ser contradictorias. Quizá tenga razón J. Bradford DeLong cuando, para explicar los planes militares, energéticos y económicos del presidente Bush recurre al siguiente diálogo entre dos personajes de la película *Apocalypse Now:* W.: «Me dijeron que se había vuelto usted completamente loco, y que sus métodos eran insensatos». K.: «¿Son mis métodos insensatos?». W.: «Yo no veo ningún método, señor». De un modo análogo al imperio británico anterior a la Gran Guerra de 1914, puede que los Estados Unidos se encuentren cada vez más prisioneros de una hegemonía financiera, basada en la fortaleza de su divisa, que convierte en indeseables para los poderes fácticos cualesquiera de las opciones alternativas posibles.

Abandonar el crecimiento ilimitado

Por eso, y sin dejar de atender a los datos o actitudes a corto plazo de quienes gobiernan el mundo, es cada vez más importante ensanchar la perspectiva e incluir en el diagnóstico los factores de fondo que, más allá de variaciones coyunturales, incidirán en el agotamiento de las reservas de extracción barata y el encarecimiento futuro de los combustibles fósiles. Mariano Marzo reúne un balance completo de las estimaciones más verosímiles que se desprenden de las distintas fuentes, evalúa la hipótesis del «pico del petróleo», y relaciona todos esos datos con las previsiones de demanda para concluir que la actual rutina energética no es sostenible y que el dogma del crecimiento ilimitado debe ser abandonado.

Nadie sabe a ciencia cierta cuándo llegaremos al «pico del petróleo» o si ya lo hemos superado. Pero no podemos quedarnos cruzados de brazos esperando pasivamente el fin del petróleo barato. Urge diseñar y experimentar escenarios alternativos y poner en práctica políticas que aceleren la transición energética hacia otra era solar. Joaquim Sempere plantea la necesidad de medidas de planificación económica que permitan una transición ordenada a otros modelos energéticos post-fosilistas, y sostiene que para este viaje se requerirán mecanismos de intervención pública a contracorriente del ultraliberalismo dominante. Revisando la literatura sobre el futuro previsible tras la crisis energética que se avecina, Ernest García repasa de qué modos se están imaginando algunos analistas las posibles sociedades del mañana y la plausibilidad de otros modelos de sociedad redimensionados, con menor consumo de materiales y energía, menos comercio a distancia, más autosuficiencia local y regional. Dicho con palabras de Heinberg: «de lo más grande, rápido y centralizado a lo más pequeño, más lento y más localizado», «de la competencia a la cooperación; y del crecimiento ilimitado a la autolimitación». Una opción así permitiría salvar formas de convivencia civilizada. Pero en caso contrario cabe imaginar auténticas regresiones civilizatorias.

Los vaticinios amenazadores que pesan sobre la humanidad son cada vez más verosímiles y adoptan formas más y más concretas. Prácticamente todos los estudios sobre el pico del petróleo y el consiguiente final de la era del petróleo coinciden en la sustancia del problema. Las discrepancias se refieren a los plazos y las diferencias de plazos considerados no ascienden a más de 30 o 40 años. En el caso de la huella ecológica —medida del impacto humano sobre la biosfera que está teniendo una gran aceptación mundial, incluso por algunos gobiernos nacionales, y que viene promocionada por el *Global Footprint Network*—, los resultados no son menos inquietantes. La huella ecológica *grosso modo* suma la tierra y el mar biológicamente productivos, las superficies ocupadas por edificios y otras construcciones humanas y el área de bosque necesaria para absorber el CO_2 emitido en el consumo energético. Según cálculos recientes (año 2003), la huella efectiva por habitante en el mundo asciende a 2,23 hectáreas. Pero la superficie disponible por habitante es sólo de 1,78 hectáreas. Suponiendo que estos cálculos sean fiables, este sorprendente exceso del área efectivamente usada sobre el área disponible debe interpretarse en el sentido de que *estamos consumiendo recursos por encima de nuestras posibilidades, o, en otras palabras, estamos socavando el capital natural y, por tanto, vivimos a expensas del futuro.* Estamos dejando a los que vendrán detrás de nosotros una biosfera y un acervo de recursos naturales deteriorados y menoscabados, de modo que las generaciones siguientes tendrán menos recursos a su disposición, se empobrecerán y experimentarán ajustes dolorosos y conflictos directamente causados por nuestros excesos de hoy. Finalmente, el calentamiento de la superficie de la Tierra y el cambio climático, que auguran daños graves de índoles varias, son ya objeto de un consenso generalizado de la comunidad científica, y se han convertido en objeto de preocupación ampliamente publicitado.

Esta triple amenaza —final del petróleo barato, huella ecológica insostenible y cambio climático— está cada vez más presente en la conciencia colectiva. Los gobiernos empiezan a moverse. Las instituciones internacionales también. Aparte del Protocolo de Kioto, se toman compromisos para reducir las emisiones de CO_2 y fomentar las energías renovables y limpias, como es el caso en la Unión Europea, que proyecta llegar al 2030 con un 20% de energías renovables. Se orientan más líneas de investigación hacia técnicas ecoeficientes. Pero estas iniciativas, aunque vayan en la buena dirección (cosa que no siempre ocurre) y merezcan aplauso y apoyo, son del todo insuficientes.

De la rutina energética al cien por cien de energías renovables

En efecto, ¿qué vemos cuando miramos a nuestro alrededor? Que el grueso de las actividades económicas sigue igual. El crecimiento económico no cesa, y sigue siendo un dogma indiscutible. Los reclamos comerciales siguen incitando al consumo de más bienes y más energívoros, como los todoterreno en el sector del automóvil. Las gentes siguen haciendo proyectos y orientando sus vidas como si esta prolongada época de vacas gordas hubiese de durar para siempre: nadie se prepara para una época de vacas flacas. Las grandes causas colectivas siguen consistiendo en tener grandes puertos y aeropuertos, más autopistas, más AVE, más turismo transoceánico para más gente. La épica europea se llama Airbus A380. La política europea de la energía está más atenta a las operaciones de adquisiciones y fusiones entre grandes empresas —es decir, a consideraciones nacionalistas y de poder— y a asegurar un suministro regular de gas y petróleo que al agotamiento del modelo fosilista y a la preparación para la transición a un nuevo modelo energético. Las dinámicas predominantes siguen siendo las mismas, los avances hacia la sostenibilidad siguen siendo insignificantes comparados con lo que sería menester. Mientras tanto, los países emergentes se lanzan sin inhibiciones a reproducir el modelo de desarrollo que en Occidente ya ha mostrado su insostenibilidad ambiental. La fobia neoliberal —predominante— a cualquier forma de planificación y reglamentación económica lo pone todo más difícil.

En abril de 2007 Greenpeace-España presentó en Madrid y en Barcelona un estudio encargado al Instituto de Investigaciones Tecnológicas de la Universidad Pontificia de Comillas, que se ha publicado con el título de *Renovables 100%*. Dicho estudio (disponible en la web de la organización) demuestra, aunque con hipótesis muy aventuradas en algunos aspectos técnicos (como el almacenamiento de electricidad), que, con los desarrollos hoy existentes en materia de energías renovables (eólica, termoeléctrica solar, termosolar, fotovoltaica, de la biomasa, geotérmica y de las olas) y suponiendo que el consumo energético evolucione al ritmo en que lo está haciendo hoy, es posible en 2050 disponer en la España peninsular de un suministro de energía basado al cien por cien en fuentes renovables. El estudio contempla no sólo la producción de electricidad, sino todo el suministro energético, aunque no entra en el detalle de este segundo aspecto. La conclusión del estudio es que un modelo energético de fuentes totalmente renovables es técnicamente y económicamente viable. Más aun: que el coste monetario del kWh de cualquiera de las fuentes consideradas sería más bajo que el kWh de centrales de gas de ciclo combinado (las más eficientes de entre las fósiles) o de centrales nucleares. Sólo la electricidad de las instalaciones fotovoltaicas menos eficientes sería tan cara como la de las centrales de ciclo combinado, pero no más. El informe, a pesar de sus puntos discutibles, tiene el mérito de aportar argumentos técnicos refinados a favor de la viabilidad teórica de un modelo renovable al cien por cien, polemizando así frontalmente con el supuesto —que se suele tomar como una evidencia que no hace falta probar— de que las renovables nunca van a ser una solución global, sino sólo un aporte secundario y de escaso volumen al suministro energético total. Por esta razón, este informe seguramente va a ser un punto de partida para toda prospectiva energética en este país. Es significativo —dicho sea de paso— que un estudio así no haya sido encargado y pagado por ningún organismo del Estado, sino por una organización de la sociedad civil, un signo más de la insensibilidad de los gobiernos y las fuerzas políticas mayoritarias por los temas ecológicos. Y también lo es el eco escaso, por no decir nulo, que ha tenido en los medios de difusión. Como es obvio, para lograr el objetivo en 2050 habría que diseñar sin más tardanza los proyectos concretos y movilizar las inversiones necesarias, y esto es un problema de voluntad política, que depende también de la convicción y la presión popular. Nada permite ser optimista al respecto. Pero es una excelente noticia que alguien —en este caso Greenpeace— haya cumplido y haya estado a la altura de unas responsabilidades que, ante el final de la era fosilista, nos incumben a todos.

La necesidad de un cambio radical de modelo de sociedad

El fin de la era del petróleo barato plantea, en definitiva, profundos dilemas técnicos, políticos y morales. El futuro está aún abierto, y la trayectoria dependerá de la elección social. Lo único que sabemos de verdad es que, a medida que nos adentremos en el siglo XXI, el mundo no podrá seguir siendo muy parecido al que ha sido en la última centuria. Otto Neurath empleó en cierta ocasión la siguiente metáfora para describir cualquier ejercicio de prospectiva, o diseño de formas alternativas de sociedad:

> Imaginémonos a unos marineros que, en alta mar, transforman la tosca línea de su barco de una forma circular a otra parecida a la de un pez. Para modificar el esqueleto y el casco de la embarcación, además de la madera de la antigua estruc-

tura, emplean otra que han encontrado arrastrada por la corriente. Pero les es imposible poner en dique seco el bajel para comenzar la tarea en su debida forma. Así, durante el trabajo deben permanecer sobre la vieja estructura, sujetos a los embates de los vientos huracanados y las olas encrespadas. Al ejecutar la transformación deben tener cuidado de que no se produzcan vías de agua peligrosas. Paso a paso la vieja embarcación se va convirtiendo en otra nueva. Puede incluso ocurrir que, mientras están trabajando en la construcción, los marineros ya estén pensando en otra nueva estructura, sin que puedan ponerse de acuerdo entre sí. Todo ese asunto seguiría un curso que nos es imposible anticipar hoy. Ése es precisamente nuestro destino.

La metáfora de Neurath resulta útil por dos razones. La primera, porque su propio autor lanzó ya en 1919 la siguiente pregunta: «si el mundo aprendió en 1914 a planificar una economía de guerra, ¿por qué no aprendemos a planificar la economía para la paz y la libertad?». El geógrafo marxista californiano Mike Davis recordaba no hace mucho, en las páginas de la revista electrónica *Sin Permiso*, las prácticas ahorradoras y cooperativas que la población de los Estados Unidos puso en marcha durante la economía de la última guerra mundial como precedente a retomar para una nueva austeridad ecológica futura. El fin de la era del petróleo plantea de nuevo la necesidad de un *cambio radical del modelo de sociedad*, y debería auspiciar también el renacimiento de una izquierda verde capaz de recuperar la idea de planificación democrática de la economía frente al ultraliberalismo dominante en las últimas décadas del capitalismo tardío. La segunda razón para tomarnos muy en serio la metáfora de Neurath resulta evidente para cualquiera: el barco en el que navegamos también puede acabar hundido.

Barcelona, enero de 2008

I. DEL PICO DEL PETRÓLEO A LAS VISIONES DE UNA SOCIEDAD POST-FOSILISTA

Ernest Garcia

> Hice un número de *La Purificación* donde no había artículo que no hablara de la radiactividad. Ni siquiera esa vez tuve problemas. Sin embargo no era cierto que no fuese leído; leer, lo leían, pero se había creado una especie de hábito de estas cosas, y aunque dijera que se acercaba el fin del género humano, a nadie le importaba.
>
> Italo Calvino, *La nube de smog*. En *Los amores difíciles*, Barcelona, Tusquets, 1989, p. 249.

> En conjunto no hay un sustituto para el petróleo debido a su alta densidad energética, la facilidad de su manejo, la multiplicidad de sus usos y los volúmenes en que ahora lo usamos. El pico de la producción mundial de petróleo, con el consiguiente e irreversible declive, será un punto de inflexión en la historia de la Tierra cuyo impacto mundial sobrepasará todo cuanto se ha visto hasta ahora. Y es seguro que ese acontecimiento tendrá lugar durante la vida de la mayoría de las personas que viven hoy.
>
> Fragmento de una carta escrita en 2004 por W. Youngquist, citada de Duncan, 2006.

Asistimos a los primeros acontecimientos de un siglo en el que la humanidad deberá enfrentarse a dos tareas que, con toda propiedad, pueden calificarse de titánicas: la búsqueda de una nueva matriz energética que sustituya a los combustibles fósiles y la producción de alimentos para una población mundial superior a los siete mil millones de personas. Cada una de ellas anuncia por sí sola amenazas, incertidumbres y riesgos extremadamente elevados. La combinación de ambas invita a la desesperación. Abordaré la cuestión aquí, a partir del inminente «pico» del petróleo y sus efectos sobre el suministro de energía, para discutir a continuación las visiones sobre el cambio social que de ello se derivan.

El «pico» del petróleo

Los combustibles fósiles han sido la fuente fundamental de energía de la sociedad industrial. Al iniciarse el nuevo milenio representaban algo más del 85% de toda la energía comercial usada en el mundo. Entre ellos, el más utilizado en la segunda mitad del siglo XX —representando en torno al 40% del uso total en 2001— ha sido el petróleo, debido a su alta concentración energética por unidad de volumen, a la facilidad de su transporte y a la enorme versatilidad de sus usos. Nuestra civilización, pues, depende de una fuente de energía limitada y agotable. Aunque más o menos la mitad del petróleo que, en el curso de la historia, llegará a producirse[1] con un rendimiento energético positivo en las condiciones económicas y tecnológicas existentes está todavía bajo la tierra, hay límites que están ya comenzando a manifestarse y que se harán dramáticamente visibles muy pronto.

La explotación de un recurso como el petróleo comienza desde cero para aumentar, lentamente al principio, cuando los mercados son restringidos y las tecnologías están desarrollándose, y más deprisa después, hasta alcanzar uno o más picos, y decrecer más tarde gradualmente hasta cero. El pico máximo (el punto de inflexión a partir del cual la producción por unidad de tiempo ya no puede incrementarse, por grande que sea la demanda) tiende a coincidir

1. Decir que el petróleo es un producto tiene algo de equívoco. Ha sido producido por la naturaleza en períodos de tiempo muy superiores a la escala humana y, por tanto, afirmar que nos limitamos a extraerlo de yacimientos en el subsuelo podría parecer más exacto. Sin embargo, como ya advirtió Georgescu-Roegen (1984: 27-28), una representación precisa del proceso de producción debe incluir un subproceso que transforme energía *in situ* en energía controlada y disponible. Y, en ese sentido, es adecuado describir como producción el conjunto de pasos (exploración, extracción, transporte, refino, etc.) que conducen al estado final utilizable.

con el momento en que la producción acumulada (la cantidad ya consumida) llega a la mitad de la cantidad total recuperable. La cantidad total recuperable puede estimarse como la suma de tres magnitudes: la cantidad ya consumida (bastante bien conocida), las reservas (calculadas con diversos grados de probabilidad) y lo «todavía por descubrir» (esto es, la parte de los recursos que se considera que puede llegar a convertirse en reservas). El ciclo completo del desarrollo acumulativo de la producción vendría así representado por una curva de forma acampanada, más o menos próxima a una curva normal (Deffeyes, 2001).

El pico del petróleo se suele denominar también «pico de Hubbert», debido a un significativo precedente. En los años cincuenta del pasado siglo, el geólogo así apellidado estimó que la producción de petróleo en los Estados Unidos (excluyendo Alaska) llegaría al máximo entre 1966 y 1971, iniciando desde ese momento un declive imparable. Denigrado al principio, fue rehabilitado más tarde cuando se comprobó que el acontecimiento previsto había tenido lugar en 1970. A escala mundial, estudios similares se han hecho posibles porque el petróleo es un recurso relativamente bien conocido, especialmente desde que los esfuerzos de búsqueda potenciados por la crisis de los setenta se sumaron a las nuevas y sofisticadas técnicas de análisis geológico disponibles. Subsisten muchas discrepancias y el margen de indeterminación es inevitablemente grande. Sin embargo, desde 1960, las estimaciones sobre la cantidad total recuperable de petróleo han tendido a converger en torno a cifras ligeramente superiores a los 2 billones de barriles. La producción acumulada hasta ahora se aproxima a la mitad de esa cantidad y, por tanto, el pico de la producción de petróleo puede estar muy próximo.

En la segunda mitad de los noventa varios geólogos —en buena parte expertos retirados con mucha experiencia práctica en la industria— desarrollaron estudios inspirados en los métodos de Hubbert, llegando a la conclusión de que el pico en la producción mundial de petróleo convencional tendría lugar en la primera década del siglo XXI (Campbell, 1997; Campbell y Laherrère, 1998). Por petróleo convencional se entiende el que ha sido, mayoritariamente (en torno al 90%) usado hasta hoy, extraído de depósitos porosos y permeables y no viscoso, que fluye en su mayor parte de yacimientos gigantes descubiertos hace tiempo. Bajo la etiqueta «no convencional» se acostumbra a incluir diversas modalidades menos abundantes de este recurso (pesado, polar, procedente de aguas profundas, gas licuado) que, sin embargo, tienen algo en común: su extracción es más lenta, energéticamente más costosa, más compleja tecnológicamente y más cara.

Variaciones metodológicas, discrepancias en las definiciones de qué hay que considerar como petróleo, distintas asunciones sobre la evolución de la demanda y conjeturas diferentes sobre la contribución de la innovación tecnológica al aumento de la tasa de recuperación pueden desplazar la curva que describe la producción en el tiempo algo más hacia arriba y hacia la derecha, con un pico más alto y más proyectado hacia el futuro. Como corresponde a la índole del problema, el debate es agrio, prolongado e inevitablemente marcado por un margen relativamente amplio de indeterminación (Gever et al., 1986; Ahlbrandt y McCabe, 2002; Campbell, 2003; Smil, 2003; Goodstein, 2004; Adelman, 2004; Lynch, 2004; Laherrère, 2005; Kuykendall, 2005; Hirsch, 2005; Simmons, 2005). Sin embargo, el hecho de que el petróleo ha de ser descubierto antes de ser consumido, unido a los datos que revelan que desde hace tiempo se descubre cuatro veces menos de lo que se consume, conduce a una estimación que creo razonable en los términos planteados a continuación. Tal vez el pico del petróleo convencional no tuvo lugar exactamente el 16 de diciembre de 2005 - como sugería la broma sutil escrita por Kenneth Deffeyes el día que descubrió que había acabado su carrera como profeta para convertirse en historiador— pero es muy posible que haya ocurrido ya o que sea inminente, y que con él haya llegado el final de la etapa del petróleo barato. Aún habrá que esperar un tiempo para saberlo con seguridad, pues se trata de un fenómeno que sólo puede certificarse a posteriori. Por otra parte, el pico correspondiente a todas las modalidades del recurso podría tener lugar en algún momento de la primera mitad de la próxima década. Hacia 2050, la provisión anual de petróleo habrá regresado al nivel de mediados de los años sesenta del siglo XX (aunque la población, si no lo impide un colapso demográfico de alcance inimaginable, será muy superior a la de entonces). En resumen, el límite para incrementar la producción de petróleo y, con él, el final de toda una era histórica, será seguramente experimentado por la presente generación, y muy probablemente las primeras manifestaciones del mismo se están viviendo ya. Para el gas natural, los cálculos no están tan maduros y el horizonte temporal parece algo más prolongado, pero tampoco hablamos de un futuro lejano.

Alternativas inciertas

Hay en curso una notable proliferación de propuestas energéticas, algunas nuevas y otras no tanto. Los anuncios y promesas al respecto se refieren a menudo a una larga lista de fuentes parcialmente alternativas al petróleo convencional y al gas natural, tanto no renovables como renovables (petróleo en condiciones geográficas muy adversas, arenas oleaginosas y bituminosas, petróleo pesado, hidratos de gas, esquistos oleaginosos, carbón, uranio, calor natural en determinados puntos de la Tierra, biomasa, saltos de agua, radiación solar directa, mareas, olas, viento, gradientes térmicos oceánicos, etc.). Con mucha frecuencia, aluden a una multiplicidad de recetas técnicas, más o menos contrastadas y operativas, para hacer uso de alguna de esas fuentes (desde las estaciones eólicas hasta las pilas de combustible, pasando por las células fotovoltaicas, el etanol o los coches eléctricos, etc.). A veces nos encontramos con promesas que tienen un gran futuro desde hace décadas y que tal vez lo tendrán siempre (el uso de la fusión nuclear con una finalidad distinta a la fabricación de bombas). En ocasiones se presenta como fuente de energía algo que no lo es, como pasa últimamente con muchos anuncios de la economía del hidrógeno que no tienen en cuenta que hace falta consumir energía (electricidad producida a partir de fuentes no renovables o renovables, o gas natural) para obtener ese elemento aislado de las combinaciones en que aparece en la naturaleza (Dunn, 2001; Romm, 2004). Toda esa efervescencia puede dar la impresión de que los problemas de sustitución dependen sobre todo de la voluntad política y la inversión financiera. El hecho, sin embargo, es que no hay sustitutos claros para todos los usos actuales del petróleo, y menos todavía para las magnitudes de consumo energético que éste ha permitido en el pasado reciente (Youngquist, 1997; Hoffert et al., 2002). El asunto es ciertamente complejo pero —esquematizándolo mucho— puede decirse que hay, salvo sorpresas radicales, dos candidatos persistentes: la fusión nuclear y la energía solar.

Si algún día se llegara a controlar la reacción de fusión para la producción de electricidad, se dispondría de energía abundante capaz de alimentar la civilización industrial hasta toparse con límites naturales de otra índole. Esta especulación está consumiendo grandes cantidades de dinero y de materia gris. Ni el uno ni la otra han conseguido todavía disipar las espesas capas de incertidumbre que la nublan, y que se forman sobre todo en torno a un punto: nadie sabe aún qué materiales ni qué estructuras podrían soportar y contener las presiones y temperaturas necesarias para calentar deuterio y tritio hasta que el plasma resultante pueda liberar energía. Cuando sus apologetas dicen que la energía de fusión sería segura es difícil no pensar en la inestabilidad inherente a una máquina que combine los desniveles de temperatura que parecen inseparables del proyecto, en la magnitud de los eventuales accidentes o en el volumen de los residuos radiactivos que se generarían. Una planta de fusión consumiría ingentes cantidades de agua y de materiales y ocuparía previsiblemente superficies enormes. Debido a estas características físicas, hay que contar con que la construcción y la puesta en marcha consumirían una gran cantidad de energía (en una época en que ésta sería escasa). La energía de fusión comportaría más centralización energética y fortísimas disposiciones de seguridad. Parece difícilmente compatible con una sociedad democrática (Scheer, 1993:,109). Por otra parte, intriga el tiempo de desarrollo extremadamente largo de este proyecto tecnológico. Los intervalos entre la formulación de la teoría básica, las aplicaciones militares y las aplicaciones civiles no siguen un patrón regular y previsible y tal vez han tendido a alargarse en la evolución técnica basada en la ciencia que ha caracterizado al siglo XX. A pesar de ello, el caso de la fusión es bastante anómalo. La teoría básica es del primer tercio del siglo XX, las aplicaciones militares de los años cincuenta y todavía se sigue hablando de que las aplicaciones civiles se demorarán otros cincuenta años más. En resumen, la energía de fusión es dudoso que sea factible y tendría efectos sociales difícilmente asimilables desde el punto de vista de los valores actualmente aceptados.

Los obstáculos que ha de arrostrar la alternativa solar son de signo casi exactamente contrario. No hay ningún problema especial a propósito de las condiciones técnicas. Hay gente que sabe perfectamente cómo hacer colectores térmicos o convertidores fotovoltaicos, aspas que giran con el viento, centrales hidroeléctricas o calderas y motores de combustión de biomasa. Buena parte de estas técnicas son conocidas desde hace mucho tiempo y han sido utilizadas en circunstancias muy diversas. Generan efectos de contaminación o de destrucción de ambientes naturales que, en el peor de los casos, son netamente inferiores a los ocasionados por cualquier otra fuente energética. Reducen al mínimo las condiciones de seguridad y el riesgo de accidentes y son claramente compatibles con estructuras sociales descentralizadas y democráticas. ¿Por qué, pues, la energía solar no se ha desarrollado más en la era industrial? ¿Y por qué los fondos dedicados a la investigación en este campo continúan ocupando los renglones inferiores de los programas? Los defensores de la era solar suelen decir que quien controla el abastecimiento energético controla también el poder y no tiene por tanto ningún interés en potenciar la difusión de un modelo energético más difuso y menos subyugable. Seguramente tienen mucha razón en esto. No obstante, en la alternativa solar hay otra incógnita, derivada precisamente de estas características. Tal vez la radiación solar resulte demasiado «democrática» para el gusto de la sociedad industrial a causa de su costumbre de difundirse moderadamente sobre la superficie entera del planeta. Y demasiado escasa para el gusto de la sociedad industrial, pese a la generosidad con que se deja perder, a causa de su «costumbre» de ser captada, precisamente, sólo por la superficie del planeta.

Las condiciones de una posible alternativa energética

Una fuente energética alternativa debe cumplir tres condiciones mínimas: la conversión cualitativa de un estado de energía a otro estado (utilizable), la capacidad de autoalimentación y un rendimiento energético suficientemente alto para mantener los demás subprocesos productivos (producción de materiales, de bienes de capital, de bienes de consumo, reciclaje de los residuos reciclables y mantenimiento de la población). Hay un largo debate sobre si la energía solar, con los convertidores hoy conocidos, puede satisfacer todas esas condiciones. La ausencia de procesos completos de producción industrial de base exclusivamente solar mantiene abierta una polémica que se inició hace bastante tiempo y que sigue abierta y viva (Georgescu-Roegen, 1978; Lovins, 2005). Está claro que la especie humana podría volver a vivir solamente del sol, como lo hizo a lo largo de milenios. Es evidente que un mayor uso de las fuentes renovables podría prolongar sensiblemente la vida de la matriz tecnológica presente. No es evidente, en cambio, que pueda existir una civilización industrial sostenida exclusivamente por convertidores de la radiación solar. Y, en cualquier caso, es del todo improbable que una civilización así pueda tener alguna vez la impronta expansiva que ha caracterizado la era de los combustibles fósiles. Tal vez pueda darse una transición a las energías renovables; es más, es bastante probable que se dé, aunque sea más por la fuerza de la necesidad que por el poder de la convicción. No es probable, sin embargo, que se logre sin traumas y sin tener como resultado una forma de vida notablemente más modesta y parsimoniosa que la actual, así como una población marcadamente más reducida (Mc Cluney, 2005).

Georgescu-Roegen formuló en diversas ocasiones una distinción que hace al caso. La distinción entre recetas factibles (cosas que sabemos hacer) y tecnologías viables (conjuntos de recetas factibles sostenidas por un proceso de alimentación básico). A lo largo de la historia de la humanidad, decía, sólo han existido dos tecnologías viables: el control del fuego (que permitió la conversión de energía química en calor y fundamentó las recetas factibles de las civilizaciones preindustriales, desde la agricultura hasta la metalurgia, la cerámica y la construcción de naves) y la máquina de vapor (que permitió la conversión del calor en movimiento y el transporte a gran escala y a larga distancia de los materiales terrestres, inaugurando así la era industrial). Ahora, cuando la época histórica de los combustibles fósiles se va acercando a su fin, se abre una gran interrogante sobre cuál será —si es que llega a haberla— la tercera tecnología viable (Georgescu-Roegen, 1982 y 1984). En este marco conceptual, puede sintetizarse concisamente el debate existente: la fusión nuclear sería una tecnología viable, pero es dudoso que llegue a ser algún día una receta factible (podría mantener al resto de los procesos económicos pero no sabemos cómo controlarla); la energía solar es claramente una receta factible (sabemos perfectamente cómo construir y hacer funcionar los convertidores) pero hay dudas acerca de si podrá ser una tecnología viable para una civilización industrial avanzada y expansiva. Así las cosas, parece inevitable poner entre paréntesis la fe en las ilimitadas potencialidades de la innovación tecnológica para nutrir sosteniblemente una sociedad con los niveles de población y consumo de la actual.

La fe en que «algo se nos ocurrirá» es la regla de oro del progreso moderno, la convicción preteórica de la racionalidad tecnológica y económica de la sociedad industrial. No obstante, casi toda la filosofía de la ciencia del siglo XX ha remarcado el hecho de que el descubrimiento no es programable. La construcción de la megamáquina de investigación puede entenderse, de alguna manera, como una tentativa encaminada a forzar esa frontera esencial del método científico. Pero nada garantiza el éxito. Y menos cuando se trata de innovaciones tan fundamentales como una nueva matriz energética. La duda radical que se suscita tiende a amortiguarse porque vivimos en un entorno en que las innovaciones técnicas son omnipresentes; y tan abundantes que llegan a parecer aseguradas con la única condición de que se necesiten. Eso hace difícil de comprender la dificultad inherente al hecho de que el descubrimiento y desarrollo de una nueva técnica capaz de mantener y expandir el conjunto de un proceso de producción es un episodio extremadamente raro y azaroso en la historia humana. El asunto es, sin embargo, que a medida que los límites al uso de combustibles fósiles van haciéndose perceptibles, la incertidumbre aumenta, se vuelve más densa, más opaca.

En resumen, pese a la proliferación en curso de nuevas recetas energéticas, no hay sustitutos claros para todos los usos actuales del petróleo. Menos aún para las magnitudes de consumo energético que éste ha permitido en el pasado reciente. Incluso si se encontraran tecnologías alternativas, el tiempo disponible para su despliegue podría ser insuficiente (piénsese, por ejemplo, en el tiempo necesario para la sustitución de las estructuras de generación de energía o de las redes de transporte). Los efectos sociales y económicos de una situación como la arriba resumida no pueden ser anticipados en detalle, aunque es razonable pensar que han de ser muy grandes, comenzando por el transporte y por la agricultura.

Hacia una sociedad post-fosilista

Como no soy geólogo ni experto en energía, el único título de autoridad que puedo invocar para mantener el punto de vista hasta aquí expresado es la elevada cantidad de horas que, movido por un interés prolongado durante veinte años que se ha plasmado en algún escrito reciente (Garcia, 2001 y 2003), he dedicado a leer papeles técnicos sobre el tema. El esfuerzo invertido en el intento de poner algo de orden en la montaña de información examinada no me ha conducido a sentirme razonablemente seguro más que de dos conclusiones: la primera es que estamos viviendo los primeros pasos del final del ciclo histórico de los combustibles fósiles; la segunda es que —en cuestión de energía— nadie tiene una idea indisputablemente sólida de qué es lo que vendrá después. Puede que algún milagro tecnológico venga al rescate, evite que la humanidad entre con todas las consecuencias en la cuesta abajo del «grano de Hubbert»[2] y restablezca temporalmente nuestro herido orgullo de especie dominante. Tal vez. Nadie lo sabe; nadie puede saberlo. La discusión al respecto tiene un aspecto deprimentemente religioso. Es sobre todo una materia de fe, es decir, de creencia no racional. Y la fe se tiene o no se tiene; y eso es todo.

Tiene sentido, entonces, suponer que el milagro esperado no va a producirse (lo cual es perfectamente posible) y preguntarse por las implicaciones de tal ausencia para el cambio social. Ésa es, en todo caso, la pregunta que justifica este artículo: la que alguien dedicado a las ciencias sociales puede plantearse. Y en ella me centraré a partir de ahora.

La inminencia del pico en la producción de petróleo anuncia convulsiones importantes que serán especialmente visibles en dos ámbitos: el transporte y la producción de alimentos. Es evidente que el petróleo barato ha hecho posible una enorme expansión del transporte a bajo coste, algo que está en la base de muchos rasgos

---

2. La expresión se refiere a la representación gráfica del uso de energía (eje vertical) en la historia humana, desde cinco mil años en el pasado hasta cinco mil años en el futuro. La curva sólo se separa visiblemente del eje que representa el tiempo en un corto tramo correspondiente a unos pocos siglos, los del uso de combustibles fósiles, adquiriendo así una pronunciada forma protuberante que justifica el alias un tanto irreverente con que es conocida (ver Hubbert, 1976).

del mundo contemporáneo, desde la presencia en todas partes de las mismas marcas comerciales hasta los parques temáticos, desde la mundialización de los mercados de bienes agrarios e industriales hasta la segregación funcional de los espacios urbanos y la expansión dispersa sobre el territorio de los asentamientos humanos, desde la actual división internacional del trabajo hasta el turismo de masas. En el mejor de los casos, la imposibilidad de mover a bajo coste *más* vehículos con *más* gasolina comportará un cambio de tendencia, una implosión controlada, un camino de regreso ordenado hacia la relocalización de las actividades económicas, hacia una relativa compactación de las ciudades, hacia el viaje más como excepción que como norma. En el peor, una desorganización catastrófica de todo el sistema económico. El abanico de posibilidades entre los dos extremos es abrumadoramente amplio y variado, lo que está dando lugar a múltiples interpretaciones. El cuadro en lo que respecta a la producción de alimentos es semejante en algunos aspectos, pero adquiere tonalidades muy oscuras en otros. La agricultura moderna depende del petróleo para labrar los campos y para irrigarlos, para fertilizarlos, para combatir las plagas y las malas hierbas, para recoger la cosecha y para llevarla a los mercados. La agricultura ecológica, en muchas de sus formas actuales, evita algunas de esas dependencias, pero no todas. Para un mundo que tiene por delante la tarea de alimentar adecuadamente a más de siete mil millones de personas, la perspectiva es más que inquietante. Es cierto que algunos estudios y bastantes experiencias indican que un buen uso de la información, una difusión adecuada de experiencias modélicas y una organización social menos injusta podrían permitir rendimientos muy altos de la producción agraria ecológicamente inspirada (con un uso mucho más eficiente de combustibles fósiles). Es cierto también que muchas propuestas de relocalización del suministro de alimentos son más que prometedoras (Furusawa, 1992; Imhoff, 1996; Henderson, y Van En, 1999; AA.VV., 1999). Sin embargo, las dificultades para que los previsibles éxitos locales se reproduzcan más o menos simultáneamente en todas partes se anuncian enormes.

Más allá de los impactos sectoriales apuntados en el párrafo anterior, la niebla se hace más espesa. En todo caso, el pico del petróleo y sus eventuales consecuencias se están convirtiendo en un motivo central de la literatura —creciente en cantidad y en impacto— que considera posible un colapso de la civilización industrial en un futuro próximo y revisa bajo esa perspectiva la suerte que corrieron diversas sociedades en el pasado (Ponting, 1992; Tainter, 1995; Kirch, 2000; Diamond, 2005; Gowdy, 2005; Orlove, 2005; Evans, 2005). No es que la crisis energética sea el único desencadenante de ese tipo de reflexiones. Hay otros. Por ejemplo, la posibilidad de que se hayan traspasado umbrales irreversibles dando lugar a alteraciones no lineales en el proceso de cambio climático (Walter y Simms, 2005; Lovelock, 2006). O, también, la continuada sobreexplotación de los sistemas renovables del planeta que viene siendo reflejada por los cálculos de huella ecológica (WWF, 2004). Todos esos diversos enfoques refieren de un modo u otro a la idea de que los límites al crecimiento han sido ya sobrepasados y de que nos encontramos en una fase transitoria —y necesariamente breve— de translimitación (Meadows et al., 2004), fase que sólo puede desembocar en un período más o menos largo de descenso o ajuste a la baja.

En su forma más general, la discusión sobre el cambio social después del pico del petróleo, si se asume además —en los términos antes resumidos— la ausencia de una alternativa energética, versa sobre las formas, el alcance y las consecuencias de una cuesta abajo de la civilización industrial. De un colapso. Y el primer paso es el significado de este concepto. Pues, a fin de cuentas, «colapso» no significa necesariamente la caída catastrófica a una desorganización caótica de la sociedad, sino el tránsito a una condición humana de menor complejidad:

> Una sociedad compleja que ha colapsado es súbitamente más pequeña, más simple, menos estratificada y con menos diferencias sociales. La especialización disminuye y hay en ella menos control centralizado. El flujo de información se reduce, la gente comercia e interactúa menos, y en general hay una menor coordinación entre individuos y grupos. La actividad económica decae proporcionalmente a todo lo anterior... (Tainter, 1995: 193).

Revisemos los rasgos del proceso: reducción de la escala, menos desigualdad, pequeñez, relocalización... Desde un determinado punto de vista, esta descripción del colapso no es muy diferente del viejo programa ecologista: reducir, frenar, democratizar, descentralizar (Roszak, 1993: 312). ¿Acaso significaba algo muy distinto la insistencia en que lo pequeño es hermoso? Bajo esta perspectiva, el colapso puede ser tanto un resultado como un objetivo.[3] Un objetivo al que en los últimos años se ha hecho habitual referirse con otras palabras, con palabras como sostenibilidad o antiglobalización... Y, entonces, la cuestión relevante no es tanto el resultado mismo como los costes de llegar a él. Dicho de otra manera: si por colapso se entiende —siguiendo la sugerencia de Tainter— una transición relativamente rápida a un nivel de complejidad inferior, entonces tanto la sociedad «a escala humana» como la desorganización caótica serían salidas alternativas —ambas teóricamente posibles— de una situación de translimitación.

Una faceta importante de la discusión tiene que ver con las condiciones sociales y culturales que podrían hacer que la transición a una escala inferior sostenible resultase benigna, ordenada y pacífica. Los análisis sobre conflictos sociales en torno a recursos naturales escasos no invitan a mantener demasiadas esperanzas en ese sentido. Y, una vez más, la crisis energética sobredetermina los escenarios. Es posible que tengan razón quienes mantienen que los conflictos y guerras ocasionados en las próximas décadas por la escasez de recursos renovables serán locales o regionales, hasta cierto punto controlados y de relativamente baja intensidad (Homer-Dixon, 1999). Sin embargo, la escasez de petróleo apunta posibilidades más sombrías, sin excluir conflictos y guerras generalizados (Klare, 2002; 2004; Roberts, 2004; Clark, 2005). Nadie puede saberlo, claro, pero un descenso relativamente ordenado requeriría dosis de capacidad anticipatoria, convicción democrática, cohesión social y solidaridad internacional muy superiores a las que hoy parecen disponibles.

---

3. Las propuestas de «decrecimiento sostenible» en Francia son una plasmación de la disyuntiva apuntada, en el sentido de perseguir un «descenso ordenado» como objetivo de una acción política más o menos directa. (Es posible aproximarse a los detalles del asunto haciendo una visita a www.decroissance.org.)

¿Puede eludirse el determinismo energético?

La conexión entre el pico del petróleo y las visiones del colapso es desde luego determinista. Y el determinismo energético, aunque haya estado adormecido durante mucho tiempo, no es un recién llegado a la teoría social. Su expresión más básica es la ley de White (1943), que puede formularse así: la complejidad social es una función del uso de energía. Este principio no ha tenido mucho éxito en la sociología contemporánea, pero no porque no sea verdadero (pues tiene toda la pinta de serlo) sino por otras dos razones. La primera de ellas es la extendida convicción de que la energía disponible es un resultado combinado de la inventiva humana y la necesidad (postulado preteórico del progreso) y que, por tanto, si llega a hacer falta más energía, ésta será encontrada y desarrollada. La segunda razón es la imposibilidad de derivar de dicho principio los rasgos concretos de las alteraciones en la complejidad, de los cambios en la organización social (irreductibilidad del accidente y de la agencia en la historia), que es lo que a fin de cuentas ha interesado a las ciencias sociales.

Las dudas respecto a la primera de dichas razones están en la base de algunas visiones actuales del cambio social inspiradas en la ley de White y que consideran el pico del petróleo como un punto de inflexión fundamental. A continuación, se resume el planteamiento de dos de ellas.

Price (1995) recuerda que la habilidad para usar energía extrasomáticamente diferencia a los humanos de los demás organismos heterótrofos, y que el control del fuego y de los combustibles fósiles ha hecho posible disipar grandes cantidades de energía acumuladas desde tiempos muy remotos. Usando dicha energía para modificar el medio ambiente, los seres humanos han podido ampliar su base de recursos durante períodos prolongados. A su vez, eso les ha permitido una expansión similar a la de las especies introducidas en nuevos hábitats propicios, como los conejos en Australia. Todo ello responde a las leyes de la naturaleza: la vida evoluciona para explotar todo nicho posible; todas las especies se expanden tanto como lo permiten los recursos a su alcance y los predadores, parásitos y condiciones físicas. Pero el agotamiento de los combustibles fósiles no está lejano —continúa Price— y ninguna otra fuente de energía es lo bastante abundante y barata para ocupar su lugar. En consecuencia —concluye— un colapso de la población humana sobre la Tierra no puede demorarse más allá de unos pocos años.

Price añade que ese colapso ha de comportar el final de la civilización, no el tránsito a una escala inferior sostenible. La gente que cree que una sociedad estable puede vivir en equilibrio con el medio ambiente tiende a confiar en que la reducción que se avecina (de la población y del consumo de energía) sea sólo un paso necesario en el tránsito hacia el restablecimiento de dicho equilibrio. Sin embargo —argumenta— cuando se comprende el impulso biológico que ha sido responsable del crecimiento, se comprende también que tal confianza es injustificada: la población humana ha crecido exponencialmente agotando recursos limitados, como los renos en la isla de St Matthew, y está destinada a un final similar. El colapso se manifestará a través del hambre, la guerra y la enfermedad (consecuencias, precisamente, de unas condiciones de población densa y recursos escasos). Los supervivientes, si los hay, no serán capaces de mantener las bases de la civilización: la compleja asociación de rasgos culturales de la que los humanos modernos están tan orgullosos —añade— es una consecuencia de la abundancia de recursos y no puede sobrevivir mucho tiempo después del agotamiento de éstos. Las sociedades post-colapso tendrán que vivir vidas más sencillas, como los cazadores y agricultores de subsistencia del pasado. No tendrán los recursos para construir grandes obras públicas o para realizar investigación científica. No podrán permitir que algunos individuos se mantengan improductivos, escribiendo novelas o componiendo sinfonías. Después de unas pocas generaciones —asevera— creerán que las ruinas entre las que viven son los restos de ciudades construidas por los dioses. Price añade que, en su opinión, no es sólo que la civilización se verá arrastrada por la espiral descendente del colapso, sino que es poco probable que la especie misma pueda persistir mucho tiempo sin la energía cuya explotación es una parte tan decisiva de su *modus vivendi*.

He citado en extenso este artículo de Price porque es una forma muy pura de determinismo energético-biológico: contiene lo esencial de esta línea de argumentación y es extremadamente austero en datos y, desde luego, en matices. Precisamente por eso constituye una referencia útil para el debate cuyo planteamiento se desarrolla en las páginas siguientes.

Richard Duncan (1993; 2001; 2006), un ingeniero eléctrico, ha desarrollado una versión más específica del mismo conjunto de ideas a la que ha denominado «teoría Olduvai» (tomando el nombre de la garganta en Tanzania donde Leakey descubrió algunos de los restos humanos más antiguos que se conocen). La teoría establece que la civilización industrial colapsará pronto, lo que someterá a la humanidad a un declive abrupto. Más concretamente, afirma que la civilización industrial durará en total unos cien años: aproximadamente de 1930 a 2030. La base del análisis es la ratio (*e*) entre producción de energía y población (es decir, la energía usada por persona). La duración de la civilización industrial se mide, entonces, por el tiempo en años desde que *e* alcanza el 30% de su valor máximo hasta que ha retrocedido a ese mismo nivel inicial (lo que conduce a la estimación temporal arriba apuntada). Las conclusiones más significativas del análisis son las siguientes:

1. El crecimiento exponencial de la producción mundial de energía finalizó en 1970.
2. En promedio, *e* no ha crecido desde 1979 y seguirá así hasta más o menos 2008.
3. La tasa de cambio de *e* comenzará a ser persistentemente negativa en torno a 2008.
4. La población mundial irá decreciendo más o menos al mismo ritmo en que lo haga *e*.

La presentación más reciente de estas ideas (Duncan, 2006) incluye un intento de contrastación empírica (apoyado en datos históricos hasta 2003) sobre cuya base el período examinado resulta puntuado por siete acontecimientos. A) En 1930 se alcanzó el 30% del valor máximo de *e*. B) En 1945 se inició un período de crecimiento muy rápido de *e*. C) En 1970 se sitúa el inicio de un crecimiento más lento: ninguna de las cinco mayores fuentes de energía primaria ha crecido exponencialmente desde 1975 y la producción total de energía en el mundo no ha crecido exponencialmente desde 1970 (por lo que Duncan considera confirmada la primera de sus conclusiones). D) En 1979 se inició una fase de meseta escarpada sin crecimiento: en promedio, de 1979 a 2003, la tasa de crecimiento de la producción de energía por persona en el mundo (*e*) fue igual a cero (lo que confirma provisionalmente la conclusión 2). E) 2004 ha significado el principio de la aproximación al abismo. F) En torno a 2008 (entre 2006 y 2012) se llegará al borde del precipicio en que *e* inicia su caída. G) El último punto de referencia, hacia 2030, predice el regreso de *e* a sus niveles de 1930, regreso con el que se asocia la implicación más arriesgada de la teoría: que la población mundial habrá caído en 2050 hasta los 2 mil millones (el mismo valor de 1925). Naturalmente, la tercera y la cuarta de las conclusiones, con todo lo que a ellas se asocia, restan pendientes del futuro.

Hay un marcado paralelismo entre la evolución de *e* y la historia de la producción de petróleo, tanto en el fuerte crecimiento entre 1945 y 1970, como en el más lento de 1970 a 1979 y en la dinámica paralela de población y energía hasta 2003. En él se apoya la coincidencia temporal entre el pico del petróleo y el inicio del descenso previsto por Duncan. No obstante, en la versión de este autor, la señal del declive, si y cuando ocurra, tendrá que ver con el papel de la electricidad como forma crucial de uso de energía final en la sociedad industrial. Éste es el único punto en que el artículo que comento se permite algo de poesía —no demasiado sutil, por cierto: la electricidad fluye a numerosos puntos de consumo (calefactores, motores, teléfonos, bombillas, antenas, radios, televisores, sistemas de fibra óptica, internet, etc.) de forma que nadamos continuamente en ese mar de energía electromagnética como los peces nadan en el agua; y, como el agua para los peces, esa energía etérea es vital para la civilización moderna. Como consecuencia de la imposibilidad de llevar a cabo la inversión económica necesaria para mantener las redes eléctricas en las dos próximas décadas, la causa inmediata del colapso será la aparición reiterada de grandes apagones y caídas del suministro eléctrico, previa a la caída definitiva de la red. El resumen de la teoría Olduvai es que, si bien la translimitación y el consiguiente colapso de la civilización industrial quedaron garantizados desde que la humanidad se hizo dependiente de la rápida explotación de recursos no renovables en un planeta finito, el insaciable apetito de energía eléctrica ha acelerado el proceso y ha provocado que el descenso vaya a resultar más pronunciado.

La peculiaridad de las teorías examinadas es que prolongan el determinismo energético más allá del ámbito del que éste puede dar cuenta, pretendiendo que puede explicar también formas o manifestaciones específicas de la complejidad. La afirmación de que una reducción de la energía disponible ha de comportar una reducción de la población, el consumo y/o la complejidad organizativa me parece poco discutible. Más allá de eso comienza la incertidumbre, incluso si nos limitamos a las aplicaciones aparentemente más inmediatas (es el caso, por ejemplo, de la estricta correspondencia entre reducción de la energía por persona y decrecimiento demográfico que postula Duncan). Por este motivo, la afirmación de que el agotamiento de los combustibles fósiles comportará el final de la civilización (o incluso el de la especie humana) es mucho menos sólida que la mencionada unas líneas antes. De hecho, para sustentarla de algún modo, el planteamiento reduccionista ha de acudir a referentes distintos a los invocados por Price o Duncan. Por ejemplo, a la hipótesis de que todos los sistemas complejos adaptativos cambian para disipar tan rápidamente como sea posible los potenciales a su alcance (Schneider y Kay, 1994; Schneider y Sagan, 2005). O a que la evolución empuja a cualquier población de organismos a expandirse sin límite hasta agotar los recursos que hacen posible dicha expansión (Morrison, 1999). Pero éstos son ámbitos donde llega a la escena la discusión, mucho más compleja e indeterminista, sobre la contribución relativa de los genes y la cultura al comportamiento humano.

En resumen, el determinismo energético no puede eludirse en el campo en que es aplicable: impone ciertos límites de escala y duración a toda forma de organización social posible. Ahora bien, que permita explicar una u otra manifestación concreta de reducción de la complejidad, uno u otro rasgo preciso de la organización social, una u otra restricción determinada a la vida civilizada, cualesquiera que sean, eso es otra cuestión. Lo que da pie a otros puntos de vista, como los comentados en la sección siguiente.

Otras visiones del decrecimiento

Me parece obvio que cualquier intento de predecir *detalladamente* cómo serán las sociedades post-fosilistas está condenado a ser en buena medida desmentido por los hechos. En este sentido, la proliferación en curso de propuestas al respecto recuerda mucho las características (y seguramente el destino) de los diversos socialismos del siglo XIX. Se podría hablar con bastante propiedad del florecimiento en ciernes de una nueva oleada de pensamiento utópico. Y, en realidad, lo único que pretendo con este artículo es darle la bienvenida. No por lo que nos anuncia sobre el futuro, que vaya usted a saber, sino por lo que revela sobre la vuelta de la historia (con toda su opaca incertidumbre). Sin más ambición, pues, que recibir debidamente a la señora que regresa triunfalmente de su presunto final, comento a continuación algunas de mis utopías preferidas de entre las recientemente formuladas. Preferidas, insisto, no por su exactitud ni por su dudosa potencia predictiva, sino por diversas y heterogéneas razones, en buena medida subjetivas (la principal de las cuales, aparte de la antes apuntada, es su capacidad de sugerencia, de apertura de novedosos horizontes culturales).

Hasta el momento, mi favorito es un libro publicado en 2001 por Howard y Elisabeth Odum (ver bibliografía). Su argumento, en síntesis, mantiene que los ecosistemas y las civilizaciones tienen en común un ciclo con cuatro fases (crecimiento, clímax, descenso, lenta recuperación de los recursos previa a una nueva fase ascendente). Añaden que la sociedad industrial está ahora viviendo su clímax y que, en consecuencia, el descenso es inminente e ineludible. Que mantener las políticas propias de la fase de crecimiento más allá del clímax, pese a que tales políticas (gran escala, velocidad y competición) se habían adaptado bien a la fase ascendente, produce el deterioro de las condiciones de vida y, finalmente, reemplaza el posible descenso ordenado por el colapso. Y que la aplicación de principios más adecuados a una situación de recursos limitados (escala reducida, eficiencia y cooperación) puede hacer que el descenso sea benigno y compatible con el mantenimiento de un nivel suficiente de bienestar. La utopía de los Odum, pues, no es en absoluto apocalíptica, más bien al contrario: «Los precedentes de los sistemas ecológicos sugieren que la sociedad global puede mirar hacia abajo y descender prósperamente, reduciendo los equipamientos materiales, la población y las posesiones no esenciales mientras se mantiene en equilibrio con el sistema medioambiental que sustenta la vida. Conservando la información más importante, una sociedad más delgada puede reorganizarse y seguir progresando» (Odum & Odum, 2001: 3). Y es, por otra parte, una visión sumamente detallada en sus concreciones en ámbitos tales como la economía, las características de los asentamientos humanos, la información y la cultura, etc.

Kunstler, que es principalmente un escritor y un ideólogo del «nuevo urbanismo», ha compuesto recientemente su propia versión del tema que vengo comentando. Toma también el pico del petróleo como la señal de partida de una crisis prolongada, cuyo rasgo más característico será, afirma, una contracción crónica y generalizada, que ve sobre todo como la oportunidad para el ajuste a una escala adecuada: un cambio en la dirección hacia más pequeño, menos y mejor. La parte más elaborada y más rica en matices de su propuesta es la relativa al «fin de la suburbanización». Contiene una reformulación de la crítica que había venido elaborando durante largo tiempo: «El sucio secreto de la economía estadounidense en los noventa fue que ya no tenía que ver con nada excepto con la creación de dispersión suburbana y la provisión de mobiliario, accesorios y financiación para ella» (Kunstler, 2005: 222), un proceso que ha ido acompañado por la mercantilización y la conversión de bienes públicos en lujos privados, el empobrecimiento de los espacios públicos y la violación del paisaje. Un proceso de mala asignación de recursos cuyo final viene anunciado, precisamente, por la crisis energética. Y que dará paso —sostiene— a un patrón territorial de ciudades pequeñas rodeadas por tierras agrícolas, al restablecimiento de las diferencias entre lo urbano y lo rural, a la desaparición de los grandes centros comerciales, al surgimiento de geografías cotidianas definidas por distancias susceptibles de ser recorridas a pie, a la rehabilitación de buena parte de los edificios de dos a cinco pisos y a la construcción de otros nuevos de similares características, a la obsolescencia de los rascacielos y de las áreas de aparcamiento... En el libro que comento, esa interesante visión del urbanismo durante la «larga crisis» viene acompañada de muchas otras cosas, en una mezcla muy subjetiva, ciertamente intrigante y más bien caótica: reaparición de la artesanía, fragmentación del estado-nación, desaparición de productos y profesiones inútiles (como los repelentes de insectos, los agentes de viajes y el *marketing*), reducción del período de escolarización, resurgimiento del ferrocarril, intensificación de la desigualdad social, drástica contracción del consumo de masas... Del conjunto se desprende un espíritu que podría describirse como medio ácrata y medio neofeudal, adobado aquí y allá con gotas de fanatismo cristiano, xenofobia y pseudoheroísmo macho, confusamente compensadas por la esperanza depositada en un resurgimiento de los valores comunitarios. En más de una ocasión, se transparenta el deseo de una civilización mantenida en términos similares a los conocidos durante la primera mitad del siglo XX; mantenida por cierto, a falta de combustibles fósiles, por electricidad de origen nuclear: «El argumento del autor no es que la Larga Crisis represente el apocalipsis, sino que está basado en la continuidad de la vida humana y, en particular, del proyecto de la civilización» (Kunstler, 2005: 288). Que el particular autor que comento no vea problemático el recurso a centrales atómicas en una sociedad sin gobierno y con una cohesión social fuertemente erosionada es sólo una de las múltiples contradicciones presentes en un libro que, por lo demás, ofrece muchas sugerencias de interés y es bien exuberante.

De entre los proponentes de nuevas utopías post-fosilistas, el más políticamente correcto para una perspectiva de izquierdas es posiblemente Richard Heinberg, un autor que en dos de sus últimos libros (2003; 2004) y en muchas de las entregas de su excelente serie en internet (*MuseLetter*) ha argumentado que el pico del petróleo podría ofrecer la oportunidad de «un cambio fundamental de dirección de las sociedades industriales —de lo más grande, más rápido y más centralizado a lo más pequeño, más lento y más localizado-; de la competencia a la cooperación; y del crecimiento ilimitado a la autolimitación» (Heinberg, 2004: 22-23). En su opinión, si las recomendaciones asociadas a ese cambio de dirección fuesen tomadas en serio, dentro de un siglo habría un mundo con menos población usando menos energía por persona, toda ella de fuentes renovables, y disfrutando de una calidad de vida envidiable para el habitante típico de las ciudades industriales de hoy en día. El argumento, un poco más detallado, es como sigue.

A comienzos del siglo XXI —sigo el hilo de Heinberg 2004— la situación del mundo está caracterizada por el agravamiento de la emergencia ecológica al superarse los límites al crecimiento, por la probable crisis del sistema financiero y por una marcada inestabilidad internacional y un estado de guerra. El pico del petróleo aparece, también aquí, como el dato de referencia más importante. Como consecuencia, el colapso es inevitable y dará lugar a un largo descenso prolongado durante uno o dos siglos. Los rasgos del cambio social en ese período dependerán del camino que se siga entre cuatro posibles: a) la competición por recursos escasos en términos de quién es el último en caer (lo que tendría como resultado guerras, crisis económica y catástrofes ambientales); b) la adaptación a un suministro energético declinante (*powerdown*), siguiendo una vía de cooperar, conservar y compartir hacia una sociedad más modesta, igualitaria y justa; c) la espera de un remedio mágico, basada en falsas esperanzas y en definitiva frustrante; y d) la construcción de «botes salvavidas», con episodios de solidaridad y preservación comunitarias que salvarían la civilización en algunos lugares. A lo largo del libro se discuten estos cuatro escenarios. Heinberg sostiene que la combinación de las estrategias a) y c) haría que el colapso fuera catastrófico y reduciría las opciones de recuperación tras el mismo. Cito en extenso su planteamiento de este punto, de un dramatismo contenido pero vívido: «Un posible escenario para el colapso de nuestra civilización podría ser como sigue. La escasez de energía comienza en la segunda década del siglo, conduciendo a turbulencias económicas, apagones frecuentes y prolongados y caos generalizado. En unos años, la producción de alimentos se desploma, dando lugar a la difusión de hambrunas, incluso en países anteriormente ricos. Estallan guerras intermitentes —incluyendo guerras civiles. Mientras tanto la crisis ecológica desgarra el tejido social, y la escasez de agua, el nivel del mar en aumento y la severidad de los temporales producen estragos adicionales. A diferencia de lo ocurrido en episodios desastrosos anteriores, cuando los esfuerzos de rescate y gestión de la catástrofe permitían gestionarlos, ahora las sociedades están demasiado desorganizadas para llevar a cabo eficazmente tales intervenciones. Uno tras otro, los gobiernos centrales colapsan. Las sociedades tratan de perder complejidad por etapas, a fin de ganar tiempo. Los imperios revierten en naciones, las naciones en organizaciones regionales o tribales menores. Pero cada sucesiva etapa, aunque al principio parece ofrecer un nuevo comienzo y una plataforma de estabilidad, llega a su propio momento de inestabilidad y colapsa a su vez. De 2020 a 2100, la población mundial declina rápidamente, tal vez a menos de mil millones. En los inicios del nuevo siglo, se entretiene a los nietos de los supervivientes con historias acerca de una gran civilización del pasado reciente en la que la gente volaba en pájaros metálicos y obtenía todo lo que deseaba apretando un botón» (Heinberg, 2004: 149-150). Por el contrario, sostiene que una combinación de las estrategias b) y d) conduciría tras el descenso —aunque ¡faltaría más! no sin un enorme esfuerzo— a una sociedad menos poblada, menos consumidora de energía y con más bienestar, con más satisfacción artística y menos consumismo, organizada de forma más convivencial, abierta a experiencias espirituales más profundas, distribuida en pequeñas comunidades en las que las personas tendrían más control sobre sus propias vidas, menos propiciadora del viaje pero más facilitadora de un satisfactorio echar raíces... En fin, aunque en el frente utópico que estoy comentando los humanistas acostumbran a ser más blandos que los tecnólogos, muchos aspectos de la propuesta de Heinberg son sorprendentemente idílicos, dadas las condiciones de partida que asume. No hay en dicha propuesta mucho realmente nuevo (para lectoras y lectores de una cierta edad: casi todo en ella saldría de una mezcla de Schumacher y el Rudi Bahro de principios de los ochenta), pero muchas de las formulaciones están elegantemente expresadas y la articulación del conjunto tiene una estimable coherencia. Puede considerarse, en definitiva, como la primera divulgación en términos relativamente fáciles de digerir de la problemática aquí discutida. E incluso ha dado lugar a una formulación abiertamente programática, a la propuesta de un plan de actuación (Heinberg, 2006).

Punto final (por ahora)

He utilizado deliberadamente la palabra «utopía» para aludir a las teorizaciones sobre la sociedad post-fosilista. Y creo que la palabra se aplica bien en ese contexto, más en un sentido histórico-técnico que valorativo. En los inicios de la sociedad industrial, los primeros pasos de la teoría social fueron acompañados e influidos por un buen número de propuestas utópicas. Un brote similar está registrándose en los primeros años del tercer milenio. Y no son pocos los rasgos que se repiten. Es el caso, por ejemplo, de la pretensión de aplicar teorías básicas de la física o la biología más allá del ámbito que les es propio. Característicamente, también, aparecen muchas prescripciones sobre el orden social de un tono marcadamente doctrinario y arbitrista. Creo, no obstante, que sería un error no prestar atención a esas propuestas, pese a sus sesgos y debilidades: a falta de teorías sociológicas adecuadas, son la mejor opción disponible. Pues es muy posible que, a lo largo del siglo XXI, las sociedades respondan más a esas visiones presociológicas que a las líneas hoy consagradas en las ciencias sociales. Las visiones que dominan hoy las ciencias humanas, muy sofisticadas en lo que respecta a la percepción de las complejidades inherentes a los cambios sociales y políticos, están radicalmente limitadas por su incapacidad para integrar la información científica sobre el estado de los ecosistemas del planeta. Quienes se mantienen atentos a dicha información tienden con frecuencia a menospreciar las complejidades de la acción social o —por lo menos— a intentar dar cuenta de las mismas de una forma demasiado expeditiva. Esta escisión es indeseable, pues nos incapacita para comprender bien el mundo en que vivimos. El debate en torno al pico del petróleo es un ejemplo paradigmático de todo ello.

Bibliografía

AA.VV. (1999), *Els valors de La Punta: 18 arguments en defensa de l'horta*. Valencia, Publicacions de la Universitat de València.

ADELMAN, M.A. (2004), «The Real Oil Problem». *Regulation*, vol. 27, nº 1, pp. 16-21.

AHLBRANDT, T.S. y MCCABE, P.J. (2002), «Global petroleum resources: A view to the future». *Geotimes*, noviembre, <http://www.geotimes.org/nov02/feature_oil.html>.

CAMPBELL, C.J. (1997), *The coming oil crisis*. Brentwood, MultiScience & Petroconsultants.

— (2003), *The essence of oil and gas depletion: Collected papers and excerpts*. Brentwood, MultiScience Publishing Co.

CAMPBELL, C.J. y LAHERRÈRE, J. (1998), «Fin de la era del petróleo barato». *Investigación y Ciencia*, nº 260, pp. 66-71.

CLARK, W.R. (2005), *Petrodollar Warfare: Oil, Iraq and the Future of the Dollar*. Gabriola Island, New Society.

DEFFEYES, K.S. (2001), *Hubbert's peak: The impending world oil shortage*. Princeton (NJ), Princeton University Press.

DIAMOND, J. (2005), *Collapse: How societies choose to fail or survive*. Londres, Allen Lane.

DUNCAN, R.C. (1993), «The life-expectancy of industrial civilization: The decline to global equilibrium». *Population and Environment*, vol. 14, nº 4, pp. 325-357.
— (2001), «World energy production, population growth, and the road to the Olduvai Gorge». *Population and Environment*, vol. 22, nº 5, pp. 503-522.
— (2006), «The Olduvai theory: Energy, population, and industrial civilization». *The Social Contract*, vol. 16, nº 2, invierno de 2005-6, <http://www.hubbertpeak.com/duncan/OlduvaiTheorySocialContract.pdf>.
DUNN, S. (2001), *Hydrogen futures: Toward a sustainable energy system*. Washington, Worldwatch Institute.
EVANS, D. (2005), «A risk of total collapse: We would be foolish to take for granted the permanence of our fragile global civilisation». *The Guardian*, 21 de diciembre.
FURUSAWA, K. (1992), «Co-operative alternatives in Japan». Conford, P. (ed.), *A future for the land: organic practice from a global perspective*. Hartland/Bideford/Devon, Green Books, pp. 139-150.
GARCIA, E. (1995), *El trampolí fàustic: Ciència, mite i poder en el desenvolupament sostenible*. Alzira, Germania.
— (2001), «Entre la información y el petróleo: Luces y sombras de la promesa de una "modernización ecológica" y un "desarrollo sustentable"». *Sistema*, nº 162-163, pp. 149-173.
— (2003), «Civilització industrial, petroli barat, alternatives incertes». *L'Espill*, nº 13, pp. 6-17.
— (2004), *Medio ambiente y sociedad: La civilización industrial y los límites del planeta*. Madrid, Alianza.
GEORGESCU-ROEGEN, N. (1982), «La dégradation entropique et la destinée prométhéenne de la technologie humaine». *Économie Appliquée*, vol. XXXV, nº 1-2, pp. 1-26.
— (1984), «Feasible recipes versus viable technologies». *Atlantic Economic Journal*, vol. XII, nº 1, pp. 21-31.
GEVER, J.; KAUFMANN, R.; SKOLE, D. y VÖRÖSMARTY, C. (1986), *Beyond Oil: The Threat to Food and Fuel in the Coming Decades*. Cambridge (MA), Ballinger.
GOODSTEIN, D. (2004), *Out of gas: The end of the age of oil*. Nueva York, W.W. Norton.
GOWDY, J. (2005), «Sustainability and collapse: What can

economics bring to the debate?». *Global Environmental Change*, vol. 15, pp. 181-183.

HEINBERG, R. (2003), *The party's over: Oil, war, and the fate of industrial societies*. Gabriola Island, New Society.

— (2004), *Powerdown: Options and actions for a post-carbon world*. Gabriola Island, New Society.

— (2005), How to Avoid Oil Wars, Terrorism and Economic Collapse. *MuseLetter* nº 160, agosto, <http://www.museletter.com/archive/160.html>.

— (2006), *The oil depletion protocol: A plan to avert oil wars, terrorism and economic collapse*. Gabriola Island, New Society.

HENDERSON, E. y VAN EN, R. (1999), *Sharing the harvest: A guide to community-supported agriculture*. White River Junction (Vermont), Chelsea Green.

HIRSCH, R.L. (2005), «The inevitable peaking of world oil production». *Bulletin of the Atlantic Council of the United States*, vol. XVI, nº 3, octubre, pp. 1-9.

HOFFERT, M.I. et al. (2002), «Advanced technology paths to global climate stability: Energy for a greenhouse planet». *Science*, vol. 298, noviembre, pp. 981-987.

HOMER-DIXON, T.F. (1999), *Environment, scarcity and violence*. Princeton (NJ), Princeton University Press.

HUBBERT, M.K. (1976), «Exponential growth as a transient phenomenon in human history». Comunicación presentada al World Wildlife Fund Fourth International Congress, San Francisco, <http://www.hubbert-peak.com/hubbert/wwf1976/print.htm>.

IMHOFF, D. (1996), «Community supported agriculture: farming with a face on it». Mander, J. y E. Goldsmith (ed.), *The case against the global economy. And for a turn toward the local*. San Francisco, Sierra Club Books, pp. 425-434.

KAUFMANN, R.K. (2005), «Oil and the american way of life: Don't ask, don't tell», 1 de junio, <http://www.bu.edu/cees/people/faculty/kaufmann/index.html>.

KIRCH, P. (2000), *On the Road of the Winds: An Archaeological History of the Pacific Islands before European Contact*. Berkeley, University of California Press.

KLARE, M.T. (2002), *Resource wars: The new landscape of global conflict*. Nueva York, Henry Holt and Co.

— (2004), *Blood and oil: The dangers and consequences of America's growing petroleum dependency*. Londres, Hamish Hamilton/ Penguin.

KUNSTLER, J.H. (2005), *The long emergency: Surviving the converging catastrophes of the twenty-first century*. Nueva York, Atlantic Monthly Press.

KUYKENDALL, C. (2005), «M. King Hubbert and his successors: A Hubbert peak half-bibliography». ASPO-USA Denver World Oil Conference Version (Draft 53), <http://www.hubbertpeak.com/ hubbert/BibliographyKuykendall53.pdf>.

LAHERRÈRE, J. (2005), «Forecasting production from discovery». ASPO Lisboa May 19-20, <http://www.cge.uevora.pt/ aspo2005/abscom/ASPO2005_Laherrere.pdf>.

LOVELOCK, J. (2006), *The Revenge of Gaia*. Londres, Penguin.

LOVINS, A.B. et al. (2005), *Winning the oil endgame: Innovation for profits, jobs, and security*. Londres, Earthscan.

LYNCH, M.C. (2004), «The new pessimism about petroleum resources: Debunking the Hubbert model (and Hubbert modelers)», <http://www.gasresources.net/Lynch(Hubbert-Deffeyes).htm>.

MCCLUNEY, R. (2005), «Renewable energy limits». McKillop, A. y S. Newman: *The final energy crisis*. Londres, Pluto, pp. 153-176.

MEADOWS, D.; RANDERS, J. (2004), *Limits to growth: The 30-year update*. White River Junction, Chelsea Green.

MORRISON, R. (1999), *The spirit in the gene: Humanity's proud illusion and the laws of nature*. Ithaca (NY), Cornell University Press.

ODUM, H.T. y ODUM, E.C. (2001), *A prosperous way down: Principles and policies*. Boulder, University Press of Colorado.

ORLOVE, B. (2005), «Human adaptation to climate change: a review of three historical cases and some general perspectives». *Environmental Science & Policy*, vol. 8, pp. 589–600, (doi:10.1016/j.envsci.2005.06.009).

PÁEZ, A. (2002), *La dimensión sociopolítica del fin del petróleo: desafíos a la sostenibilidad*, <http://www.monografias.com/trabajos17/sociopolitica-petroleo/sociopolitica-petroleo.shtml>.

PFEIFFER, D.A. (2004), *The end of the oil age*. Morrisville, Lulu Press.

PONTING, C. (1992), *Historia verde del mundo*. Barcelona, Paidós.
PRICE, D. (1995), «Energy and human evolution». *Population and Environment*, vol. 16, nº 4, pp. 301-319.
ROBERTS, P. (2004), *The end of oil: On the edge of a perilous new world*. Boston, Houghton Mifflin.
ROMM, J.J. (2004), *The hype about hydrogen: Fact and fiction in the race to save the climate*. Washington, Island Press.
ROSZAK, T. (1993), *The Voice of the Earth: An Exploration of Ecopsychology*. Londres, Bantam.
SCHEER, H. (1993), *Estrategia solar : Para el acuerdo pacífico con la naturaleza*. Barcelona, Plaza & Janés.
SCHNEIDER, E. y J. KAY (1994), «Life as a manifestation of the second law of thermodynamics». *Mathematical and Computer Modelling*, vol. 19, nº 6-8, pp. 25-48.
SCHNEIDER, E.D. y D. SAGAN (2005), *Into the cool: Energy flow, thermodynamics, and life*. Chicago, The University of Chicago Press.
SIMMONS, M.R. (2005), *Twilight in the desert: The coming saudi shock and the world economy*. Nueva York, Wiley.
SMIL, V. (2003), *Energy at the crossroads: Global perspectives and uncertainties*. Cambridge (MA), The MIT Press.
TAINTER, J. (1995), *The collapse of complex societies*. Cambridge, Cambridge University Press.
— (1996), «Complexity, problem solving, and sustainable societies». En R. Costanza (ed.), *Getting down to earth: Practical applications of ecological economics*, Washington, Island Press, pp. 61-76.
WALTER, J. y SIMMS, A. (2005), *The end of development? Global warming, disasters and the great reversal of human progress*. Londres, New Economics Foundation.
WHITE, L.A. (1943), «Energy and the evolution of culture». *American Anthropologist*, vol. 45, nº 3, pp. 335-356.
WWF (2004), *Living planet report 2004*. Gland, World Wide Fund for Nature.
YOUNGQUIST, W. (1997), *GeoDestinies: The inevitable control of earth resources over nations and individuals*. Portland (OR), National Book Co.

II. LOS RIESGOS Y EL POTENCIAL POLÍTICO DE LA TRANSICIÓN A LA ERA POST-PETRÓLEO

Joaquim Sempere

Vivimos en economías altamente dependientes del petróleo, y por esto muy vulnerables a cualquier reducción en el suministro de esta fuente de energía. Cuando la perspectiva del final de la era del petróleo se aproxima en el tiempo, es obligado preguntarse cómo puede repercutir este fenómeno en las vidas de las gentes.

Del modelo energético tradicional al predominio de las energías fósiles

La historia de los dos últimos siglos es la de una progresiva substitución de la fuerza muscular humana y animal, así como de las demás fuentes de energía entonces usadas (sobre todo la leña, además del viento y las corrientes de agua), todas ellas de origen solar y renovables, por energías fósiles. Primero fue el carbón, con la máquina de vapor. Luego el petróleo, que adquirió preeminencia con la invención del motor de combustión interna y su aplicación al transporte. El resultado fue un inmenso aparato productivo (máquinas-herramienta y transporte) movido básicamente con energías fósiles. La obtención de calor para calefacción y cocina y para procesos industriales, como la metalurgia, pasó de la leña —y su derivado, el carbón vegetal— al carbón mineral y luego a los derivados del petróleo y el gas. En el siglo XX la electricidad fue introduciéndose en el hogar (iluminación y electrodomésticos) y en la propia industria.[1]

1. Pero la electricidad no es una fuente primaria: se obtenía en 2002 de combustibles fósiles (64,4%), del uranio (16,6%), de las centrales hidroeléctricas (17%) y de fuentes solares renovables (1,9%).

La agricultura misma, con el uso generalizado del tractor y la maquinaria, así como de fertilizantes químico-minerales y de agroquímicos, pasó a depender masivamente del petróleo. Con razón se ha dicho que la agricultura actual es un procedimiento para convertir las calorías del petróleo (no comestibles) en calorías contenidas en los alimentos (comestibles). Durante siglo y medio se han hecho observaciones anuales detalladas en una explotación agrícola del condado de Wiltshire (Inglaterra) para comparar el balance energético de la agricultura entre 1826 y 1970. Gracias a la introducción de maquinaria, agroquímicos y fertilizantes químico-minerales, en esos 150 años el rendimiento por hectárea se ha multiplicado por seis y la productividad por hora trabajada por treinta. El progreso es espectacular, y explica la drástica reducción de la población activa en la agricultura. Pero este adelanto impresionante tiene un secreto: la aplicación masiva de energía exterior al sistema agrario, que hoy en día es casi toda ella procedente del petróleo. La agricultura tradicional era totalmente orgánica y se basaba en energías renovables. La agricultura de hoy es sumamente dependiente del petróleo y otras fuentes fósiles: en un 99,8% según el estudio de la mencionada finca experimental de Wiltshire —la energía muscular humana daba cuenta del 0,2% restante (Bayliss-Smith, 1982). Este dato tiene una lectura muy inquietante: la alimentación mundial —incluida una gran parte de la de los pobres del mundo— depende excesivamente del consumo de petróleo, y la escasez de éste puede tener efectos devastadores no ya en el bienestar, sino incluso en la supervivencia de muchos millones de personas.

Ese cambio radical de *modelo energético* tuvo consecuencias amplísimas en la productividad del trabajo humano y en la estructura productiva y del empleo. Permitió reducir la parte de población activa de la agricultura, que no ha cesado de disminuir. Ello permitió destinar mucha mano de obra a la industria, en una primera fase, y a los servicios en otra fase posterior. Permitió incrementar tanto el volumen total de producción en todos los ramos como la productividad por hora trabajada, dando lugar a una abundancia sin precedentes de productos humanos —y en particular de bienes de consumo— y a una reducción paralela de la suma de trabajo humano dedicado a la producción (que se tradujo en reducciones de la jornada laboral, aumento de las vacaciones, alargamiento del período de escolarización, anticipaciones de la edad de jubilación y/o incrementos del paro).

Una nueva organización del espacio

Pero la abundancia de petróleo y, en general, de energía, ha tenido otras consecuencias. Cuando el transporte mejora en eficacia, eficiencia y rapidez gracias a vehículos movidos por derivados del petróleo, resulta posible disociar en el espacio las actividades humanas, lo cual genera nuevas necesidades de transporte. Las industrias, por ejemplo, pueden estar ubicadas a distancias de 10, 20 o 40 kilómetros de los lugares donde residen sus trabajadores. Los comercios, los lugares de ocio, etc. pueden también estar situados lejos de las residencias. Los lugares donde se producen los bienes industriales o agrícolas pueden estar muy lejos de donde se consumen, incluso en las antípodas. Los propios procesos productivos pueden disociarse. En una economía capitalista la búsqueda sistemática del máximo beneficio conduce a que cada fase del proceso productivo se ubique en el lugar del planeta donde el coste sea menor, de modo que un teléfono móvil puede fabricarse en una empresa-red repartida entre Filipinas, Guatemala, Taiwán y Alemania, por ejemplo. La parte del coste en transporte en el coste total del teléfono es asumible por el fabricante, siendo el coste final menor que si se hubiese fabricado todo en Alemania. Esta disociación espacial da al petróleo —que mueve cerca del 95% del transporte en el mundo— un papel estratégico.

Ha aparecido un *sistema de necesidades* altamente exigente en bienes de equipo —incluidos los vehículos— devoradores de recursos naturales y energía para hacerlos funcionar. Las necesidades, viejas o nuevas, vienen satisfechas en un sistema productivo que ha alcanzado una división del trabajo de gran complejidad y dispersión sobre la faz de la Tierra, con interdependencias entre unos y otros productores, entre unos y otros territorios, entre productores y consumidores, etc. que requieren mecanismos bien engrasados y regularmente alimentados de esa *sangre* que son el carbón, el petróleo y el gas, sin cuyo flujo permanente el sistema social se colapsaría.

La vulnerabilidad de la interdependencia

Un sistema de partes tan complejas e interdependientes, del cual depende la vida de tanta gente (de una gran parte de la humanidad, salvo enclaves autosuficientes), es sumamente vulnerable a cualquier fallo en los suministros del fluido vital. De ahí que sea tan importante plantearse seriamente qué perspectivas nos esperan cuando estos suministros ya no puedan garantizarse.

Últimamente se habla mucho del *final de la era del petróleo*. Los centros de estudio de las grandes petroleras y otros sectores del gran capital y los de los gobiernos, así como analistas académicos de varias obediencias y convicciones, han entrado en el debate. El aumento persistente del precio del crudo en los últimos años se ha interpretado como una posible señal de que estamos cerca del cenit de la extracción (*peak oil*), pero hay dudas de que sea así. Hay motivos coyunturales que permiten atribuir con bastante verosimilitud este aumento del precio a la guerra de Iraq y la situación en el Oriente Medio[2] o a la creciente demanda de países «emergentes» muy poblados como China y la India. En todo caso, y sea cuál sea la explicación del hecho, no tiene sentido obviar el debate sobre el final de la era del petróleo y la consiguiente *transición energética*, puesto que este final está ya en nuestro horizonte aunque no sepamos si empezará a notarse dentro de diez, veinte o cincuenta años. La preocupación por esta perspectiva viene justificada por dos realidades: nuestra extrema dependencia del petróleo y las inercias socieconómicas que hacen imposible una salida ágil y flexible cuando las señales de la crisis empiecen a ser innegables. Hace falta un ejercicio de imaginación y prospectiva para estar en condiciones de adoptar las medidas necesarias con la antelación debida.

La situación de riesgo puede describirse así. Por una parte, la emisión de carbono a la atmósfera y el efecto invernadero resultante provoca daños actuales y amenazas futuras en lo que respecta a la elevación del nivel del mar y al cambio climático, que justificarían emprender cuanto antes la transición hacia un modelo energético sin fuentes fósiles. Por otra parte, si las fuentes fósiles son finitas y se puede otear ya,

2. Véase en este mismo volumen Eduardo Giordano, «Economía política del petróleo y militarismo» (cap. IX).

aunque sea en un horizonte temporalmente incierto, su agotamiento, es de una prudencia elemental abordar esa transición.

Entre la ofensiva pronuclear y las energías limpias y renovables

Una primera respuesta a estas preocupaciones ha consistido ya en tratar de resucitar los proyectos nucleares. El *lobby* nuclear se ha puesto en marcha para convencer a la opinión de que ahí está la solución. No voy a reiterar aquí los argumentos antinucleares que desde los años setenta del pasado siglo contribuyeron a elevar los estándares de seguridad y a conseguir que la internalización de ciertos costes de seguridad mostrara que las centrales nucleares no son económicamente rentables. Los programas de construcción de nuevas centrales se pararon en todos los países industrializados —aunque no en otros países, como la India, China, Pakistán y otros— después del accidente de Harrisburg. El desastre de Chernobil reforzó los argumentos antinucleares. Las centrales con combustible reprocesado parecen demasiado peligrosas y poco productivas: el gobierno francés decidió cerrar el Superphénix. La energía de fusión tiene muchas incógnitas técnicas y unos plazos larguísimos de aplicabilidad prevista, suponiendo que acabe resultando viable.[3] Las grandes objeciones a la industria electronuclear son la contaminación radiactiva de los residuos, los peligros de accidente grave, la posibilidad de que las centrales produzcan material para bombas nucleares y los riesgos del terrorismo. Por añadidura, el uranio es escaso y duraría también muy pocos años. Las razones de los antinucleares son sólidas y aconsejan buscar las soluciones en otras partes.[4] Conviene estar alerta para hacer frente a la ofensiva pronuclear que ya ha empezado, y no sólo por parte del *lobby* nuclear, sino también de numerosos empresarios

---

3. En una entrevista al diario *El Mundo* (24/03/2007), Carlo Rubbia, que ha sido promotor de esta fuente de energía, afirma que «la fusión tardará muchas décadas en desarrollarse, y no creo que tengamos tanto tiempo para encontrar una solución». En esta misma entrevista formula lapidariamente un programa para el futuro inmediato: «tenemos que aprender a vivir sin petróleo en relativamente poco tiempo».

4. Véase en este mismo volumen Josep Puig, «De los combustibles fósiles y nucleares a los sistemas energéticos limpios y eficientes del siglo XXI» (cap. IV).

(¡y de líderes sindicales!), que se alarman ante la posibilidad de una reducción del suministro energético.

Una segunda respuesta es el desarrollo de energías limpias y renovables, ya sean solares, de las mareas o geotérmicas. Es evidente que el modelo deseable para el futuro es éste, y que sería racional —desde la óptica de la sostenibilidad ecológica— iniciar y acelerar esta salida. Se trata de fuentes de energía que no se agotan, que no contaminan (o lo hacen mucho menos que las fósiles y nucleares), que no incrementan el efecto invernadero y que se pueden utilizar de manera descentralizada —y por tanto pueden propiciar sociedades con menos concentración de poder y menos mecanismos de control y seguridad. Es la alternativa del ecologismo y de la izquierda verde.

Algunos sectores empresariales privados han apreciado ya que las energías limpias y renovables tienen futuro, y han impulsado iniciativas industriales en este campo, pues comprenden que, en cualquier caso, el suministro energético está destinado a diversificarse. Los gobiernos también lo han comprendido, y muchos países tienen ya políticas de fomento y promoción de estas energías. Esto indica que hay posibilidades de convergencia y colaboración en este campo entre la izquierda y los verdes por un lado y los gobiernos y las empresas por otro. Pero detrás de las distintas opciones hay visiones enfrentadas.

Para la visión *desarrollista*, compartida por el mundo empresarial, los gobiernos, y por las corrientes dominantes en el mundo científico y académico y en las consultorías técnicas y ambientales, el crecimiento económico sigue siendo un objetivo prioritario e irrenunciable. En el terreno medioambiental confían en medidas de ahorro y aumento de eficiencia, en usos más racionales de las energías fósiles (cogeneración y centrales de ciclo combinado), la exploración de medidas paliativas (como la captura e inyección del carbono emitido en pozos de petróleo), las nucleares (incluida la investigación en la fusión) y en un desarrollo de las renovables como energías «complementarias». La idea de los desarrollistas consiste en introducir todas las medidas técnicas que haga falta para lograr preservar el sistema socioeconómico liberal vigente, basado en la propiedad capitalista, la reglamentación mínima, el crecimiento indefinido y la expansión de los mercados en el mundo entero, y por tanto del comercio y el transporte.

Frente al crecimiento indefinido, un cambio de modelo social

Frente a esta visión, los *sostenibilistas* creen que es una locura la expansión y el crecimiento indefinidos. Piensan que deben redimensionarse a la baja las actividades humanas y detener el crecimiento —o incluso iniciar un decrecimiento. Coinciden con quienes en el campo desarrollista proponen aumentos de ahorro y eficiencia y fomento de las renovables; admiten como medidas transitorias la cogeneración, el ciclo combinado y otras técnicas que permitan una transición energética con los mínimos costes de adaptación. Pero no creen posible el crecimiento indefinido por sus impactos ambientales y por la parvedad de los recursos energéticos movilizables sin graves daños ambientales. *No creen que puedan obtenerse mediante el impulso de las renovables los volúmenes de energía que serían necesarios para seguir manteniendo el actual modelo de producción y consumo, división del trabajo y densidad de transporte.* Y, menos aún, seguir creciendo.

Así, por ejemplo, se habla mucho de sustituir los derivados del petróleo por biocarburantes o hidrógeno para mover vehículos. Habría que calcular los balances energéticos en la fabricación de biocarburantes y las hectáreas de cultivo que serían necesarias para cosechar plantas ricas en azúcares o aceites que son la materia prima de esa fabricación, así como los posibles rendimientos de la biomasa forestal, del biogás obtenible de los excrementos animales, etc. que podrían proporcionar la actual cabaña ganadera y los bosques actuales.[5] Habría que calcular también el aporte de electricidad u otras formas de energía que se requerirían para obtener el hidrógeno suficiente. A falta de estudios fiables al respecto —que, además, pusieran estas previsiones en relación con los incrementos de la demanda debidos a la imparable carrera al crecimiento de las economías emergentes— es razonable imaginar que la única estrategia viable es *reducir las necesidades energéticas para poder satisfacerlas con volúmenes asequibles de fuentes limpias y renovables.*

Es a primera vista inverosímil que la crisis del petróleo pueda resolverse substituyendo los actuales suministros energéticos no

5. Véase en este mismo volumen Óscar Carpintero, «Biocombustibles y uso energético de la biomasa: un análisis crítico» (cap. VI) y Jorge Riechmann, «Chocando contra los límites: veinte tesis sobre biomasa y agrocombustibles» (cap. VII).

renovables, ya sean fósiles o radioactivos, por cantidades equivalentes de suministros procedentes de otras fuentes. La crisis energética que se avecina pondrá sobre la mesa la exigencia de un cambio radical de modelo social, orientado a satisfacer unas necesidades más frugales en un marco más igualitario.

Tarde o temprano la escasez de energía obligará a redimensionar el conjunto de la economía reduciendo todas sus magnitudes. Esto supone medidas de ahorro y eficiencia y la adopción de energías renovables, pero otras muchas cosas. Seguramente menos superficie de vivienda por persona (sumando primeras y segundas residencias), menos automóviles privados y más pequeños (y sistemas para reducir el parque de vehículos como el *car-sharing* o el alquiler), sistemas de transporte público —sobre todo ferroviario—combinado con otros vehículos (taxis, bicicletas), menos electrodomésticos y otros bienes de equipo doméstico (y más sistemas para compartirlos), etc. Se trataría también de rediseñar los conjuntos urbanos y los sistemas residenciales evitando la ciudad dispersa y la disociación espacial entre actividades cotidianas de las personas, con objeto de reducir la necesidad de transporte, *creando proximidad*. Y de fomentar la autosuficiencia local, comarcal, regional... en todo cuanto sea posible para aproximar producción y consumo. Los criterios rentabilistas deberán ceder ante mecanismos más adaptados a la satisfacción de las necesidades prioritarias en detrimento de las actividades y producciones superfluas, lo cual implicará sustituir los objetivos hoy dominantes por otros. Esto supondrá un cambio cultural y social radical cuya viabilidad cuesta imaginar dado el nivel de consumo despilfarrador a que nos hemos acostumbrado y dadas las inevitables inercias sociales. En todo caso, la única manera imaginable de avanzar ordenadamente hacia esta meta es conseguir que, bajo la presión y la lucha de una opinión pública informada, quienes gobiernen o puedan gobernar *asuman como prioridad estos objetivos y orienten todas sus políticas hacia su consecución.*

La mundialización ultraliberal entrará en crisis, y con ella el dogma de que el comercio mundial crea riqueza: el comercio mundial es un despilfarro basado en el bajo coste de la energía que mueve el transporte, y ha mostrado tener muchas disfunciones, no sólo ecológicas.

El objetivo a largo plazo debería ser —si se pretende preservar formas de vida civilizada— un metabolismo simplificado entre especie humana y medio natural, con menos consumo de recursos naturales materiales y energéticos, con energías limpias y renovables, con minimización de residuos y con respeto máximo a los ecosistemas. Este objetivo rompe con las reglas de la economía capitalista, que aspira a la colonización incesante de nuevos recursos para producir flujos incesantes de mercancías que permitan obtener más beneficios. Es probable que los imperativos de economía de recursos que se van a plantear con la transición energética sean, en el próximo futuro, la fuerza que contribuya más a poner en la picota la continuidad del sistema capitalista.

La alternativa a un cambio radical de esta naturaleza puede ser —sobre todo si no se gestiona bien la transición energética y se abandona a «las fuerzas del mercado»— el colapso del capitalismo tal como lo conocemos hoy y el caos social, con episodios que pueden ir desde retrocesos en la producción y suministro de alimentos (incluidas hambrunas) y nuevas migraciones internas y externas hasta una refeudalización de las relaciones sociales y una lucha abierta y violenta por la supervivencia de unos núcleos y comunidades contra otros. Evitar salidas autodestructivas de esta índole debería ser preocupación prioritaria de las fuerzas democráticas y debería, de momento, impulsar un debate ambicioso sobre el futuro inmediato.

¿Se puede confiar en la iniciativa privada?

Entretanto, ¿qué se puede hacer y esperar? En el año 2000, la empresa norteamericana Ballard Power System, tras negociar con Ford y Daimler-Chrysler, lanzó una venta de acciones para crear una fábrica de *pilas de combustible* (que funcionan con hidrógeno para propulsar vehículos). En pocos días reunió unos 340 millones de dólares. Las dos empresas automovilísticas tenían ya prototipos de automóvil movido con hidrógeno. Las técnicas estaban a punto en ambos extremos: el carburante —con el correspondiente mecanismo de propulsión— y el vehículo. Durante un par de años creció un clima de euforia, pero en 2002 la burbuja se deshinchó y se abandonó el proyecto (Roberts, 2004: 95-126). El episodio tiene varias lecciones. Una es que ciertos progresos técnicos en la línea de la sostenibilidad adolecen aún de muchas incertidumbres. Otra es que el capital privado es cobarde, como se suele decir: sólo se arriesga (sobre todo si el volumen de la inversión es muy grande) cuando tiene garantías suficientes de hacer negocio. En estas circunstancias, el capital privado no funcionó como un actor económico innovador.[6]

Los ultraliberales insisten en la capacidad de los mercados y de la iniciativa privada para generar las adaptaciones requeridas por situaciones nuevas. Es cierto que los mercados *acaban* provocando adaptaciones de la producción a la demanda. Pero lo hacen a través de la crisis, y en beneficio de quienes tienen capacidad adquisitiva suficiente para presentar sus demandas al mercado. Además, las señales de los precios avisan sólo de una escasez inmediata. Corremos el riesgo de que la escasez de petróleo avise *demasiado tarde* y no lleguen a tiempo las inversiones privadas necesarias para hacerle frente. Las interdependencias son demasiado estrechas y compactas y se basan en la omnipresencia de un solo tipo de carburante. Richard Heinberg calcula que en los Estados Unidos se necesitan unos quince años para cambiar todo el parque de vehículos con motor de combustión interna, y unos cuatro o cinco años para que la industria automovilística empiece a producir coches eficientes en grandes cantidades.[7] Robert L. Hirsch, analista para temas de energía de la Rand Corporation dice que las señales de los precios llegarían demasiado tarde para permitir una transición suave regida por el mercado hacia otras energías (además, hoy inciertas aún). Y añade:

> La mitigación requerirá un mínimo de una década de esfuerzos intensivos y costosos, porque la escala de la mitigación de los carburantes líquidos es enorme. Se requerirá la intervención de los gobiernos, pues las implicaciones económicas y sociales del cenit del petróleo serían caóticas de no ser así. («Peaking of World Oil Production: Impacts, Mitigation and Risk Management», cit. por R. Heinberg)

---

6. No se olvide que, aparte de los criterios de rentabilidad crematística, una fuente de energía debe ofrecer un balance energético positivo (es decir, debe proporcionar más energía que la necesaria para obtenerla), y hay quien discute que esto ocurra con el hidrógeno, al menos con las técnicas hoy conocidas.

7. www.alternet.org, visitada el 14/11/2005.

Es significativo que analistas plenamente identificados con el sistema de la libre empresa estén sosteniendo que «se requerirá la intervención de los gobiernos». Sería muy interesante comparar la introducción masiva del automóvil en los Estados Unidos y Europa a comienzos del siglo XX con las perspectivas de la transición al hidrógeno y los biocarburantes en un próximo futuro. También la oleada inversora se basó en innovaciones técnicas rápidas, que sin embargo requirieron muchas etapas de tanteo, con muchos fracasos que estimularon mejoras tanto en la técnica del motor y en el diseño del vehículo con miras a mayor confort, como en las carreteras y las infraestructuras de apoyo: gasolineras, talleres de reparación, tiendas de suministros, etc. (Landes, 1979). Pero en aquellos tiempos los cambios pudieron hacerse bajo la iniciativa de las grandes empresas privadas sin riesgo social grave porque *la red del transporte por carretera no era todavía una pieza esencial para el funcionamiento de todo el sistema social.* No sólo los capitalistas arriesgaban menos en cada aventura empresarial, sino que las sociedades podían permitirse un avance discontinuo, por prueba y error, con quiebras de empresas y tanteos en todos los terrenos. Hoy, el transporte por carretera es el «aparato circulatorio» del organismo social, y no puede detenerse sin poner en grave peligro la continuidad de la vida social. El único modelo viable de *transición energética* hoy es el de un cambio escalonado y *planificado* que permita ir cambiando paso a paso las piezas del conjunto sin que éste deje de funcionar, como cuando se hacen obras en una autopista disponiendo desvíos para que el tráfico no se interrumpa.

Cuando ciertas innovaciones técnicas que requieren sumas muy grandes de capital son de interés general y merecen ser promovidas para anticipar situaciones futuras (como será el aumento del precio del petróleo), no se puede confiar en el capital privado y hace falta que las administraciones públicas intervengan.[8] La intervención pública, al no depender de la búsqueda de rentabilidad a corto plazo, resulta más eficaz y es insustituible. La forma que adopte

8. Véase *infra*, en este mismo capítulo, el caso de la empresa semipública EHN en Navarra.

esa intervención puede variar, desde la inversión directa en una empresa pública o semipública, hasta la incentivación con la fiscalidad, las políticas energéticas, créditos, pedidos, etc. Pero la intervención pública parece ser el único procedimiento eficaz, y esto vale tanto a nivel regional o estatal como supraestatal. La reglamentación de una transición energética ordenada —¡y pacífica!— debe hacerse también a nivel mundial.

¿Guerra o cooperación? El Protocolo de Agotamiento del Petróleo

El control de un recurso tan esencial y a la vez tan desigualmente repartido sobre la superficie de la Tierra ha movido muchas ambiciones y guerras. La situación de Iraq se explica sobre todo por el interés de los Estados Unidos por controlar una de las mayores reservas del mundo. Cuando se agrave la escasez de este recurso, los conflictos en torno a su control se harán probablemente más agudos, especialmente si no se ha avanzado lo suficiente en el aprovechamiento de otras fuentes de energía. Se estima que a medida que se agoten otros yacimientos, los de Oriente Medio, por su volumen inmenso, serán los últimos en agotarse e irán representando una proporción cada vez mayor, que puede llegar a ser de las tres cuartas partes de las reservas totales. La política belicista del mayor consumidor del mundo, que actualmente son los Estados Unidos, no augura nada bueno, sobre todo al haberse exacerbado el conflicto entre Occidente y el islam con el terrorismo y un contraterrorismo promotor de una espiral de violencia cada vez más peligrosa.

Los países árabe-islámicos de la zona pueden tener la tentación de usar el petróleo como arma política, como hicieron en 1973 y 1980. Por el estrecho de Ormuz pasa actualmente un quinto de la producción mundial de crudo, e Irán tiene instalados cohetes que pueden atacar los buques de transporte que por allí transiten. La ebullición islamista aumenta el riesgo de tensiones en la zona, incluso en Arabia Saudita, el país con mayores reservas presentes y futuras. Los Estados Unidos, por su parte, tienen un largo historial intervencionista en la región y en el mundo entero.

Ante situaciones así, el pacifismo debe estar alerta para reaccionar. La ciudadanía debería advertir a sus gobiernos contra el aventurerismo bélico y castigar en las urnas y en las calles a los hacedores de guerras. Pero hay también alternativas ya esbozadas que apuestan por una cooperación internacional. Una propuesta es el llamado Protocolo de Agotamiento del Petróleo (conocido también como Protocolo de Rímini o de Uppsala), redactado por la Asociación para el Estudio del Cenit del Petróleo (ASPO): «La idea del protocolo es muy sencilla: los países importadores de petróleo acordarán reducir sus importaciones en un porcentaje anual convenido —la tasa mundial de agotamiento del petróleo—, y los países exportadores acordarán reducir su ritmo de exportaciones de acuerdo con su tasa nacional de agotamiento» (Heinberg, 2005: 37). La tasa de agotamiento es igual a la cantidad anual que se está extrayendo dividida por el total que queda por extraer (suma de las reservas restantes y lo que previsiblemente se encontrará). «Sólo un sistema cooperativo [así] de cuotas nacionales e internacionales evitará las crisis económicas y geopolíticas aún más extremas que de otro modo se producirán» (ibíd., 38). Una de las ventajas de este protocolo es que no sería necesario que todos los países lo ratificasen: el país que lo adoptase, aunque fuera unilateralmente, saldría beneficiado, porque su adopción le obligaría a tomar medidas (por supuesto, costosas a corto plazo) de transición energética que le darían ventaja para el momento en que el precio del petróleo empezara a ser prohibitivo. Y además lo haría sin perjudicar a los demás, evitando así generar hostilidad entre sus vecinos u otros países. Sería de suma importancia impulsar presiones sobre los gobiernos para que estudien en serio esta propuesta y se apresten a aplicarla, en su forma actual o con las modificaciones que resulten oportunas.

Una nueva oleada inversionista con extrañas alianzas

La toma de conciencia de la crisis del modelo fosilista avanza lentamente en la opinión pública, los gobiernos no están a la altura de la necesidad imperiosa de encontrar alternativas en breve plazo y las empresas se aferran a la rutina mientras ésta no se traduzca en disminución de las ganancias.

No obstante, sectores del empresariado han visto ahí oportunidades de negocio y han empezado a invertir en lo que parece que va a ser una nueva oleada inversionista semejante a otras que han jalonado la historia del capitalismo en los dos últimos siglos. Hoy por hoy el gran capital se prepara para hacer jugar a su favor el cambio de modelo energético, y con la ayuda del estado.[9] El gran capital aprovechará la crisis en beneficio propio, no en interés de la mayoría, pero ¿hay alternativa a una alianza reforzada del gran capital con el estado sobre una base ya no liberal sino intervencionista (y previsiblemente autoritaria)?

Los gobiernos que han firmado el Protocolo de Kioto se han comprometido a lograr unos objetivos que inevitablemente conducen a un desarrollo masivo de las energías renovables, pero no está claro que puedan o sepan tomar medidas eficaces en esta línea. Toman nuevos compromisos —por ejemplo, la UE ha decidido cubrir para 2010 el 5,75% del gasto energético con biocombustibles y llegar en 2020 a cubrir un 20% con fuentes renovables—, pero tardan en tomar las decisiones que harían posible cumplirlo e incluso hacen previsiones que en algunos casos quedan desbordadas por la iniciativa de los empresarios. En España, esto es concretamente lo que ha ocurrido en el sector eólico, donde las inversiones privadas han superado en mucho las previsiones oficiales. El Plan Energético Nacional para 1991-2000 sólo preveía la instalación de 167 MW en este período, y en 2003 se habían alcanzado ya los 6.200 MW, y los 11.616 MW a finales de 2006...

9. British Petroleum ha entrado ya en el negocio de las energías renovables. Multinacionales del automóvil como Toyota han lanzado al mercado el coche *híbrido*, que combina la tracción eléctrica con la de gasolina, lo cual permite funcionar con la mitad del carburante, y varias de las grandes tienen ya a punto coches de hidrógeno. Esas empresas tienen los capitales, las patentes, los laboratorios de investigación y una enorme capacidad de presión sobre el poder político. En España, algunos gigantes de la energía, como Iberdrola, y de la construcción, como Acciona, han entrado con gran empuje en el sector de las renovables. Otra gran empresa, Abengoa, sobresale en la producción de biocombustibles (véase recuadro).

EMPRESAS DE ENERGÍAS RENOVABLES EN ESPAÑA

Entre las empresas promotoras y productoras encontramos a Iberdrola con el 30,7% de potencia eólica instalada en España a comienzos de 2007 y Acciona con el 17,5%. Acciona —de Entrecanales, es decir, del sector de la construcción— no es la única gran empresa española que pasa del sector del cemento al de la energía, y concretamente a las energías renovables. Iberdrola es una de las primeras empresas a escala mundial, sólo superada por la norteamericana Florida Power & Light. Actualmente Iberenova (división de Iberdrola para las renovables) es ya el primer operador mundial de parques eólicos, con proyectos en Estados Unidos, Gran Bretaña y otros países de la UE, América Latina y China. El Consejo Eólico Mundial (*Global Wind Report 2006*) prevé que la potencia eólica instalada en el mundo alcance los 149,5 GW en 2010, el doble que a finales de 2006.

En la fabricación de aerogeneradores, la española Gamesa es la primera empresa mundial (con el 60,4% de cuota de mercado a comienzos de 2007), seguida de la danesa Vestas (13%) y de la española Ecotècnia (8,3%) (datos de la nota de prensa de la Asociación de Productores de Energías Renovables, APPA, del 11/01/07, en la web de la APPA).

Entretanto crece también la fotovoltaica, sobre todo en parques o huertos solares. ATERSA ha suministrado a Elecnor 312.000 módulos fotovoltaicos para la construcción de 3 grandes centrales con un total de 50 MW de potencia en Olmedilla de Alarcón (Cuenca), Trujillo (Cáceres) y Jumilla (Murcia). Los costes de producción se están reduciendo un 5% anual según la ASIF. El Worldwatch Institute de Washington, por su parte, prevé que a escala mundial esos costes se habrán reducido un 40% para 2010.

Abengoa es otro gigante español de las energías renovables. Destaca en biocarburantes y en energía solar, tanto termoeléctrica como fotovoltaica. En 2007 estaba prevista una central solar termoeléctrica de 20 MW con torre y helióstatos en Almadén, y el 30 de marzo del mismo año ha inaugurado la Plataforma Solar de Sanlúcar la Mayor (Sevilla) de 300 MW. Se trata de un complejo con varias instalaciones (fotovoltaicas y termoeléctricas), de las que ya funcionan dos. El proyecto conjunto de la Plataforma Solar supone una inversión de 1.200 millones de euros. La superficie agraria útil dedicada a cultivos energéticos en España ha pasado de 6.800 hectáreas en 2004 a 27.231 en 2005 y a más de 200.000 en 2006, como resultado de una ayuda de la UE de 45 euros/hectárea destinada a cultivos energéticos en el marco de la Política Agrícola Común. (Miralles, 2007).

Es significativo comprobar la importancia de la intervención pública en el impulso de las energías renovables, obedeciendo a una voluntad política. En Cataluña se creó en 1981 la empresa cooperativa Ecotècnia, compuesta por un grupo de ingenieros. Esta empresa, que se dedica a la fabricación de aerogeneradores y captadores fotovoltaicos y a la promoción y explotación de parques eólicos, tiene además una gran capacidad tecnológica y ha sido y sigue siendo pionera en este campo. En 1984 se instalaron en Roses (Cataluña) cinco aerogeneradores fabricados por Ecotècnia. Pero la falta de política del gobierno catalán en materia de renovables ha obligado a esta empresa a proyectarse, en España, a otras comunidades autónomas (Galicia, Castilla, León y Navarra), y a unirse en 1999 al grupo cooperativo vasco Corporación Mondragón. La otra cara de la moneda es Navarra, donde en 1989 se crea por iniciativa del gobierno autonómico navarro la Empresa Hidroeléctrica de Navarra (EHN), con un 48% de capital público (38% del gobierno navarro y 10% de la Caja de Ahorros de Navarra). En 2004 EHN era el tercer grupo mundial en generación eólica y el segundo en España, tras Iberdrola. A mediados de 2003, Acciona adquirió el 50% del capital de EHN, pero el gobierno navarro, a través de la empresa pública Sodena, seguía poseyendo el 39,5%. Navarra está produciendo el 60% de la electricidad que consume mediante fuentes renovables y proyecta planes aún más ambiciosos. En 2007, en esta comunidad están instaladas 7 de las 9 «huertas solares» de paneles fotovoltaicos con seguimiento solar automatizado que hay en España, que suman 23 MW de potencia (*El País*, 19/03/07). Además, Navarra se ha convertido en referente europeo de la investigación con el centro de investigación en renovables CENER.

En 2004, el grupo catalán Ecotècnia, segundo fabricante español de molinos de viento y tercero en el mundo a fecha de hoy, seguía sin ser profeta en su tierra por falta de políticas públicas adecuadas del gobierno de Cataluña, mientras Navarra, gracias a la iniciativa pública (como impulsora de un desarrollo industrial que da cabida a la empresa privada), se colocaba en la vanguardia de las energías renovables.

Estos ejemplos sugieren dos conclusiones. Una es que el capital privado está descubriendo el potencial de rentabilidad de las energías renovables en un panorama mundial marcado por Kioto y el final de la era fosilista, y está invirtiendo masivamente en ellas —en unos países más que en otros, y España es uno de los más avanzados en la materia. La segunda conclusión es que, pese a este interés del capital privado, la transición del modelo fosilista a un modelo de energías solares limpias y renovables necesita todavía el impulso de los poderes públicos para superar los temores derivados de las incertidumbres que aún subsisten respecto de la rentabilidad crematística de dicha industria. Este impulso se concreta en inversiones públicas y políticas de tarifas adecuadas. Mientras que casi todos los gobernantes (incluso los llamados socialistas) siguen pensando que no es tarea de los gobiernos inmiscuirse en las actividades productivas, he aquí cómo plantea el fomento de las renovables el actual presidente de la asociación patronal de empresas de energías renovables: «¿De verdad piensan que, sin objetivos obligatorios, vamos a mantener la fe en los políticos que han sido incapaces de tomar las medidas para cumplir el objetivo de 2010?» (González Vélez, 2007).

¿Cómo encaja el ecologismo toda esta efervescencia? Es aún temprano para describir fehacientemente el panorama, pero se observan situaciones curiosas. En España se ha dado un acercamiento y una colaboración entre las organizaciones ecologistas grandes (Greenpeace, Ecologistas en Acción, Eurosolar) y los empresarios de energías renovables. Estos ecologistas se guían sobre todo por la urgencia de emprender la transición energética a un modelo solar. Según esta idea, hay que apoyar a quienes están hoy en condiciones de efectuar las enormes inversiones necesarias, ¿y quiénes son esos? Obviamente, el gran capital privado. Aunque, como se ha argumentado antes, la iniciativa pública es decisiva, las inversiones sólo pueden proceder —en el clima socioeconómico imperante— del capital privado y de la banca privada.[10]

¿Se ha vuelto ecologista una parte del empresariado? Hoy por hoy, las renovables son negocio, y esto explica el alud de inversiones en el sector —pero también la asunción de valores ecológicos por algunos empresarios lúcidos. Los ecologistas que colaboran con estas iniciativas actúan con realismo, porque hoy sólo se puede contar con el capital privado para impulsar las inversiones necesarias para una transición energética veloz. Pero deben saber que la dinámica de fondo que empuja a estos inversores no es una economía de las necesidades ecológicamente sostenible, sino una economía de crecimiento. ¿Hasta cuándo durará esta alianza, y qué capacidad tendrán los ecologistas implicados en ella para evitar quedar atrapados en sus redes, cuando la expansión de las renovables haya alcanzado un volumen razonable y lo que esté en juego no sea ya el modelo energético, sino el *modelo de sociedad*?

¿Retorno de lo público y de la política?

A los historiadores del futuro tal vez les sorprenderá que el período que habrá seguido a 1980, año en que el precio del petróleo llegó al punto más alto alcanzado en el siglo XX, haya sido una de las etapas históricas en que el liberalismo económico ha impuesto políticas más duras en favor de la privatización y la desreglamentación, justo cuando empezaba a ser más apremiante la necesidad de mecanismos institucionales públicos para manejar una previsible cri-

10. En Cataluña, por lo menos, la colaboración de los grandes grupos ecologistas con la patronal eólica es evidente: se diseñan objetivos conjuntos, se negocia a la par con el gobierno autonómico y con las instituciones locales y comarcales afectadas. Los empresarios se muestran abiertos y receptivos a la protección del paisaje y de la avifauna que defienden los ecologistas y que imponen las normativas medioambientales. A la vez, esta curiosa alianza se enfrenta a menudo a resistencias de plataformas territoriales donde tienen un papel destacado los grupos ecologistas locales, que se oponen a despliegues masivos de parques eólicos con argumentos de defensa del paisaje y de unas economías locales más autosuficientes y diversificadas, pero también de mayor eficiencia energética y de diseminación territorial más equilibrada de las fuentes renovables de suministro energético.

sis que va a revelar, en su momento, *la extrema socialización de la economía y la extrema interdependencia de los componentes de su estructura —y por tanto la necesidad de intervenciones deliberadas y planificadas por parte de una «inteligencia social»*. El culto casi religioso al libre mercado hoy imperante será un obstáculo psicológico e institucional importante a las adaptaciones que se impondrán como necesarias.

En España, la subida de la gasolina y el gasóleo en 2005 provocó la revuelta de pescadores, transportistas y agricultores, que reclamaron y obtuvieron subvenciones para resistir el alza. En la conciencia colectiva, incluso en una situación de fuerte hegemonía neoliberal, hay la convicción de que el estado debe paliar las situaciones de emergencia colectiva. Si se repiten situaciones difíciles derivadas del alza del precio de los carburantes, se repetirán las demandas al estado y se legitimarán más y más las intervenciones de la administración pública en defensa de la ciudadanía y del normal funcionamiento de los mecanismos de producción y distribución. Éstas serán ocasiones para que las izquierdas políticas, sociales y sindicales presenten alternativas que, además de aportar soluciones, socaven la hegemonía neoliberal. Si además no hay un esfuerzo educativo mediante un debate público bien organizado, las reacciones populares pueden degenerar hacia reivindicaciones corporativistas[11] agresivas que, en lugar de favorecer una transición ordenada, incrementen el clima de lucha de todos contra todos e incluso legitimen las aventuras imperialistas en el exterior.

La izquierda podrá invocar principios y prioridades que pertenecen a su tradición, como el intervencionismo de los poderes públicos al servicio del bien común, la planificación económica, la limitación de los derechos asociados a la propiedad privada en aras del interés público, la adopción de medidas redistributivas para garantizar un acceso universal a servicios básicos. Estas ideas deberán articularse en un discurso unificado con las ideas que el

11. Los actuales conflictos en torno a la interferencia de los estados europeos en las empresas de la energía muestran la sensibilidad de algunos gobiernos hacia la necesidad de contar con mecanismos públicos de intervención. Pero pueden ser también expresión de «nacionalismo energético» corto de miras.

ecologismo lleva más de treinta años defendiendo: el respeto a la biosfera, la necesidad de trasladar a los precios los costes ambientales hoy «invisibles», la bondad de redimensionar a la baja las actividades humanas depredadoras y energívoras, y finalmente la correspondiente ética de la frugalidad y la suficiencia. Las crisis adaptativas que comportará la transición energética serán una ocasión para que la izquierda verde —no concibo hoy una izquierda viable que no sea verde— recupere el prestigio de estos y otros principios para la vida política, hoy arrinconados y desprestigiados por la hegemonía del pensamiento ultraliberal.

La política energética de la izquierda verde deberá apoyarse fuertemente en el estado, pero deberá fomentar también alternativas que recorten el poder del gran capital, como el cooperativismo y las pequeñas y medias empresas privadas o las empresas públicas de ámbito inferior al estatal, preparando el camino a una economía más dispersa en el territorio y más ligada a la satisfacción de las necesidades locales. En España, la segunda empresa productora de aerogeneradores es una cooperativa, Ecotècnia, hoy asociada a Mondragón. El complejo cooperativo de Mondragón tiene un centro de investigaciones tecnológicas, Ikerlan, que actualmente está trabajando para la puesta a punto de electrodomésticos con pilas de combustible. El campo de la fotovoltaica, de la solar térmica y de los biocarburantes se puede ocupar desde la economía social o las empresas privadas o públicas locales.

Otra experiencia socialmente interesante es la participación económica en el financiamiento de instalaciones eólicas y fotovoltaicas. En algunos casos no es más que una manera de captar el ahorro de los particulares por parte de las empresas promotoras: una versión nueva del *capitalismo popular*. En las nueve huertas solares existentes en España en 2007 participan 2.000 propietarios aproximadamente, que aportan un total de 177 millones de euros (con inversiones mínimas que suelen ser muy elevadas, del orden de los 50.000 euros, y por tanto asequibles sólo a personas de clases medias-altas). En los parques eólicos hay programas que fomentan la participación económica de los ayuntamientos donde se implantan. Pero junto a estas experiencias hay otras de significado más «social». Dinamarca ha sido país pionero en la constitución de cooperativas promotoras de parques eólicos en las que los socios invierten sus ahorros. Este es un modelo que se está aplicando en otros países también. En Barcelona, la Fundació Terra ha instalado un parque fotovoltaico en la terraza de un mercado municipal llamando a la ciudadanía a invertir sus ahorros en su financiamiento, con una inversión total de tres millones de euros, que ha tenido una respuesta positiva muy rápida.

El crédito oficial y las cajas de ahorro (cuyo estatuto de entidades sin ánimo de lucro debería permitir que apoyasen iniciativas de interés general), debidamente reorientados, pueden ser instrumentos de una política energética nueva. Los sindicatos y el movimiento obrero en general deberían considerar si en una situación tan arriesgada como la que aquí se examina bastaría una estrategia sindical defensiva o si los sindicatos no deberían promover iniciativas empresariales —públicas, semipúblicas o cooperativistas— que anticipasen soluciones en el nuevo ciclo inversionista que tarde o temprano se abrirá de cara a la transición energética.[12] Tal vez una estrategia anticipatoria sería la mejor manera de prevenir el paro masivo y garantizar la creación de fuentes de riqueza (y de puestos de trabajo) en un sector que promete tener garantizado un mercado seguro para sus productos durante muchos años y que, además, sería un avance decisivo en la línea de la sostenibilidad ecológica y de la economía de las necesidades por encima de la economía crematística.

No obstante, la hegemonía y la iniciativa económica pertenecen hoy al gran capital. La transición energética no va a ser ocasión para que se pongan en práctica las utopías ecologistas de los años sesenta y setenta de pequeñas unidades territoriales relativamente autosuficientes en la captación de energía. Al contrario. El gran capital está —una vez más— ocupando el terreno energético y gestionándolo como una ocasión para relanzar la economía de los

---

12. Durante la revolución obrera desencadenada por el alzamiento franquista en 1936, los sindicatos CNT y UGT asumieron la responsabilidad de gestionar las empresas abandonadas por sus dueños y colectivizadas. Es un precedente que permite hacerse una idea más amplia y versátil del papel que pueden jugar las organizaciones de la clase trabajadora en la producción. En unas declaraciones hechas en febrero de 2006, el secretario general de CCOO de Cataluña, Joan Coscubiela, se pronunció a favor de defender el derecho de los sindicatos a intervenir en las políticas industriales: es una línea interesante.

negocios, con su dinámica de acumulación y crecimiento indefinidos, y por tanto sin la voluntad de redimensionar la economía humana al servicio de la sostenibilidad ecológica —y menos aún al servicio de una economía de las necesidades. Si no prevalecen principios democrático-igualitarios, podemos vernos abocados a ecofascismos o, al menos, a ecoautoritarismos, asociados a formas de imperialismo que «exporten» al Sur del planeta los efectos más destructivos de la crisis ecológica mundial.

Referencias bibliográficas

BAYLISS-SMITH (1982), *The ecology of agricultural systems.* Cambridge University Press, Cambridge.

GONZÁLEZ VÉLEZ, José Mª (2007), «Objetivos europeos de renovables», en *La Razón,* 25/02/2007 (Suplemento de Alimentación, Vida Sana y Medio Ambiente).

HEINBERG, Richard (2006), «Cómo evitar las guerras del petróleo, el terrorismo y el colapso económico». Dossier La Vanguardia, *¿Un mundo sin petróleo?,* Nº 18 (enero marzo 2006).

IEA (International Energy Agency) (2004), *30 years of energy use in IEA countries.* OCDE/IEA, París.

KLARE, Michael (2006), «Sangre y petróleo: las implicaciones de la política exterior y militar del plan energético Bush-Cheney». Dossier La Vanguardia: *¿Un mundo sin petróleo?* Nº 18 (enero marzo 2006).

LANDES, David S. (1979), *Progreso tecnológico y revolución industrial.* Tecnos. Madrid.

MIRALLES, Roderic (2007), «El impulso de los cultivos energéticos para biocarburantes en España», en *Energía y Empresa,* 01/02/2007.

ROBERTS, Paul (2004), *El fin del petróleo.* Ediciones B., Barcelona

RONCAGLIA, Alessandro (1985), *The international oil market.* Macmillan, Londres.

[Informaciones sobre desarrollo de renovables en España: *El País,* 19/06/95, 21/12/03, 18/07/04, 19/03/07 y en la web de la APPA]

III. CAMBIO CLIMÁTICO: EL PROTOCOLO DE KIOTO, LA DIRECTIVA EUROPEA DE COMERCIO DE DERECHOS DE EMISIÓN Y LA SITUACIÓN ESPAÑOLA

Jordi Roca Jusmet

El uso del petróleo y sus impactos ambientales

El petróleo es un recurso no renovable y extremadamente concentrado en algunas zonas del mundo. A pesar de las crisis del petróleo de los años setenta, su uso masivo no ha dejado de crecer como tendencia y la extrema petrodependencia no sólo afecta a los países más ricos sino también de forma creciente a China, India... Según se sea más o menos optimista respecto a las reservas existentes, y respecto a la capacidad de los precios de reflejar la escasez del recurso, puede discutirse si el máximo de extracción de petróleo es inminente o se puede retrasar algunos años, o incluso décadas, pero lo que es evidente es que la transición a otras fuentes energéticas es inevitable. En ausencia de decididas políticas exitosas en reducir a nivel global la demanda de petróleo, las tensiones futuras en forma de importantes aumentos de precios —mayores a los que ya se han experimentando— son muy probables. Ello comporta enormes riesgos económicos y sociales —y también de conflictos bélicos— que justifican un cambio de modelo energético.

Pero hay también otra razón poderosa para reducir el uso de petróleo (y, en general, de los combustibles fósiles): los enormes impactos ambientales que su extracción, transporte y uso generan. Sólo cabe pensar en los tremendos impactos que la extracción de petróleo provoca en muchas zonas del mundo y que suelen recaer sobre poblaciones pobres que tienen pocos recursos para defenderse, en los frecuentes vertidos de petróleo en los océanos o en la contaminación de muchas ciudades debido sobre todo al uso del coche. Entre los impactos ambientales destaca su contribución a uno de los cambios globales que está provocando la actividad humana: la alteración de la composición de la atmósfera y sus efectos sobre el clima. De hecho, la principal presión para reducir el uso de petróleo viene actualmente no tanto de la preocupación por su agotamiento como de la preocupación por su contribución a la emisión de gases de efecto invernadero.

Los potenciales cambios sobre el clima del aumento de concentración de gases de efecto invernadero en la atmósfera fueron señalados ya a finales del siglo XIX por Arrhenius (Howarth, 2003). El hecho de que la actividad humana haya cambiado de forma significativa la composición de la atmósfera es uno de los indicadores de en qué medida se ha pasado, para emplear la metáfora de Daly, de un mundo relativamente «vacío» a un mundo «lleno» de actividad humana (Daly, 1999): mucha más población y sobre todo un mucho mayor uso de recursos per cápita han llevado a una mayor ocupación del limitado «espacio ambiental».

El principal factor explicativo del aumento en la concentración de gases de efecto invernadero es el uso masivo de combustibles fósiles que acompañó —y acompaña— a los procesos de industrialización y a la expansión del coche y del transporte aéreo. Las evidencias científicas sobre los peligrosos cambios inducidos por la masiva emisión de gases de efecto invernadero se acumulan y recientemente han sido noticia un gran número de fenómenos climáticos extremos. Los científicos son acertadamente cautos al afirmar que no es posible demostrar que un fenómeno específico —como un particular huracán o un específico periodo de sequía— sea debido al cambio climático provocado por la acción humana; sin embargo, la proliferación de fenómenos cuya mayor frecuencia e intensidad media ya prevén los modelos climáticos que simulan los efectos de las emisiones de gases de efecto invernadero da más argumentos a favor de la necesidad de reducir cuanto antes y de forma importante dichas emisiones.

Sin duda, la conciencia pública del problema ha aumentado espectacularmente las últimas décadas y en especial el último año (en parte por la influencia mediática de la película de Al Gore y del publicitado «informe Stern» encargado por el gobierno Blair).

Los acuerdos internacionales —a pesar de su timidez— son reflejo —y también motor— de esta evolución. Sin embargo, los obstáculos son tan grandes que es difícil vislumbrar la posibilidad de un decrecimiento de las emisiones globales en los próximos años.

Las dificultades para un acuerdo global frente al cambio climático

Todo fenómeno nuevo conlleva ciertas incertidumbres. Ello ha servido para que algunos sectores (muchas veces con fuertes vinculaciones a la industria energética) defiendan la inacción a la espera de un mayor conocimiento científico, aunque las incertidumbres deben utilizarse —como ciertamente también se ha hecho— como argumentos a favor de la prevención, de la aplicación del principio de precaución, una concreción del cual es la idea de minimizar el posible arrepentimiento futuro por la no actuación. La historia demuestra que han existido muchos casos de advertencias sobre problemas ambientales o de salud pública que fueron ignoradas por los poderes públicos mientras que es difícil documentar ejemplos en sentido contrario, es decir, de actuaciones costosas que después resultaron inútiles al demostrarse que respondían a una alarma injustificada. La Agencia Europea del Medio Ambiente seleccionó, entre muchos otros, catorce casos candidatos de «falsos negativos» en su informe *Late Lessons from Early Warnings* (European Environment Agency, 2000) mientras que en su prólogo explica que tuvo que renunciar a la intención inicial de incluir casos de «falsos positivos» por no encontrar ejemplos suficientemente documentados. El riesgo cero no existe y «un exceso de cautela puede significar oportunidades perdidas» pero «en los últimos decenios las sociedades industrializadas se han equivocado tanto por el lado de la imprudencia que no sería demasiado grave algún error por el lado del exceso de precaución» (Riechmann, 2002: 37).

Por otro lado, el problema del cambio climático es, como muchos otros problemas ambientales, un caso en el cual buena parte de los efectos de las presiones actuales se producirán en el futuro. Cuando los esfuerzos actuales se ven recompensados por lo que sucederá más allá de las vidas de muchos de los implicados en dichos esfuerzos y, sin duda, después de la siguiente contienda electoral, la acción es más improbable. El compromiso con la idea de la «sostenibilidad» —con toda la ambigüedad que tiene el término— busca superar dicha dificultad, mientras que la práctica habitual de «descontar el futuro» en el análisis coste-beneficio propio de la economía convencional puede legitimar la discriminación de las generaciones futuras (Martínez Alier y Roca Jusmet, 2001, cap. IV; DeCanio, 2003).

El carácter global del problema dificulta también que los gobiernos asuman acciones decididas frente a él. Incluso si existiese total consenso sobre que los costes de la actuación son inferiores a los beneficios, todos los gobiernos pueden estar tentados a no adherirse o a no respetar los acuerdos buscando beneficiarse de las actuaciones de los otros pero sin afrontar los costes. En este sentido, destaca la posición del gobierno de los Estados Unidos —país campeón en las emisiones per cápita— que ha mostrado en este tema su cara más egoísta negándose a renunciar ni siquiera un ápice al «estilo de vida americano» (y defendiendo los intereses del sector energético al que tan ligado está) e incluso intentando sembrar dudas sobre la solvencia científica de los informes de los principales estudios sobre el cambio climático; una posición que, sin embargo, ha sido cada vez más difícil de mantener.

Por último, otra gran dificultad para afrontar el problema es la de los conflictos distributivos que cualquier política frente a este problema global plantea. Los países no son en absoluto iguales respecto a su responsabilidad en el problema. Las emisiones actuales —y, aún más, las históricas— per cápita son extremadamente desiguales; en el caso de las emisiones de CO_2 debidas al uso de combustibles fósiles oscilan entre 19,7 y 0,9 toneladas por persona y año en los Estados Unidos y en el continente africano respectivamente con una media mundial de 4,2 toneladas año (datos del 2004: International Energy Agency, 2006); las diferencias son explicables por diversos factores pero el más importante es el dc los muy diferentes niveles de renta per cápita. Los costes del cambio climático serán también desiguales dependiendo de la localización geográfica pero, en general, puede preverse que las poblaciones más pobres serán más vulnerables frente a los problemas al disponer de infraestructuras más precarias y de menos recursos (económicos, sanitarios, organizativos...) para hacerles frente.

Como señala Azar, una línea de justificación habitual para oponerse a que los países ricos asuman los costes (frecuentemente sobrevalorados) de reducir las emisiones es que lo «que costaría la reducción de emisiones *podría* ser usado para salvar más vidas si se utilizase en programas de saneamiento de aguas, campañas de vacunación, etc.» (Azar, 2000: 234); el argumento podría convencer si se tratase de decidir cómo gastar de la mejor forma disponible una suma determinada de dinero pero la cuestión es que la renuncia —con la justificación que sea— a afrontar medidas reductoras de las emisiones de gases invernadero no garantiza —ni en absoluto aumenta las posibilidades— que los países ricos dediquen más recursos a afrontar los dramáticos problemas de los países pobres. Además, las economías ricas —y la economía mundial— tendrán que hacer en pocas décadas la transición energética desde el petróleo a otras fuentes energéticas y, cuanto antes se inicie y acelere la transición, mejor, no sólo por cuestiones ambientales sino también económicas y políticas. No es seguro que ya podamos hablar definitivamente del «fin del petróleo barato» —en expresión temprana de Campbell y Laherrère (1998)— pero sí de que el actual crecimiento de la demanda no puede durar mucho tiempo.

Sería completamente equivocado pensar que sólo hemos de responsabilizar de actitudes egoístas y centradas en el corto plazo a los políticos. El hecho es que la creciente conciencia del problema coexiste con actitudes que dificultan objetivamente avanzar hacia una reducción de las emisiones: pensemos en las movilizaciones frente al encarecimiento de los precios de los carburantes de agricultores, pescadores y transportistas que piden rebajas de impuestos compensadoras de los efectos del aumento del precio internacional del petróleo o pensemos en las reacciones por parte de los ciudadanos frente a medidas que encarecen la movilidad en las ciudades o en la generalización de aparatos de aire acondicionado que sin duda muchos ciudadanos ya consideran como un elemento imprescindible de confort.

El Protocolo de Kioto y sus «mecanismos de flexibilización»

Dos han sido, hasta el momento, los grandes momentos de la política internacional frente al cambio climático. El primero es el convenio firmado en 1992 en el marco de la Cumbre de la Tierra de Río de Janeiro que señaló la importancia del problema y estableció el compromiso genérico de actuar bajo el principio de las «responsabilidades comunes pero diferenciadas». El segundo momento importante es la firma del Protocolo de Kioto a finales de 1997 que, por primera vez, establece compromisos cuantitativos para los países conocidos como del Anexo I, es decir, la inmensa mayoría de los países de la OCDE y del antiguo bloque de la Unión Soviética. En concreto, estos países deberían en conjunto reducir el promedio de emisiones de gases de efecto invernadero del 2008 al 2012 en algo más del 5% respecto a sus niveles de 1990 con compromisos que oscilan entre la reducción del 8% de la Unión Europea y la estabilización (como en el caso destacable de Rusia) o incluso se permite un cierto aumento en algunos de estos países. El compromiso no se refiere sólo al CO_2 sino al conjunto de seis gases cuyas emisiones son agregadas en toneladas de CO_2 equivalente teniendo en cuenta su potencial contribución al efecto invernadero; además, no se consideran las emisiones brutas sino las «emisiones netas», es decir, se permite por ejemplo que, cuando aumenta la superficie forestal, cierta cantidad de carbono absorbida en su papel de sumidero sea descontada de las emisiones brutas (a pesar de que el balance de carbono de las superficies forestales en crecimiento es un tema de debate científico). Los gases considerados son dióxido de carbono (CO_2), metano (CH_4), óxido nitroso (N_2O), hidrofluorocarbonos (HFC), perfluorocarbonos (PFC) y hexafluoruro de azufre (SF_6). Para los tres últimos gases se permite considerar 1995 como año base. En cambio, no se incluyen los CFC por estar ya regulados por otro acuerdo internacional (el Protocolo de Montreal de 1987 sobre gases que afectan a la capa de ozono).

La importancia de este Protocolo es que se trata del primer acuerdo que incluye un compromiso cuantitativo. Pero sus limitaciones son tan destacable como su importancia. Primero, el compromiso es muy tímido en relación a la drástica disminución de emisiones que recomiendan la inmensa mayoría de expertos del tema (aunque algunos destacados economistas disienten y, basándose en inadecuados modelos —ver la critica de DeCanio, (2003)—, consideran que lo «óptimo» sería una muy leve disminución). Segundo, el compromiso tiene un carácter parcial. La negativa de los países pobres a asumir costes es comprensible. Hace ya quince años, antes de la cumbre de la Tierra de Río, Agarwal y Narain del Centre for Science and Environment (CSE) de la India, denunciaban la pretensión de exigir que los países pobres asuman un coste —que podía significar renunciar a emisiones de «supervivencia», por ejemplo emisiones de metano ligadas a los cultivos de arroz, y no emisiones de lujo como son la mayoría de las de los países ricos. Su escrito consideraba tal pretensión como un caso de «colonialismo ambiental». Sin embargo, estos autores reconocían la necesidad de que los países pobres también tuviesen incentivos para reducir sus emisiones. Según ellos, un sistema de permisos comercializables justo podía resolver el dilema:

> En todas las economías de mercado del mundo, los economistas del control de la contaminación hablan ahora del concepto de cuotas de emisión comercializables las cuales permiten que aquellos que tienen un bajo nivel de contaminación vendan sus emisiones permitidas no utilizadas a los que tienen un elevado nivel de contaminación. En conjunto, este sistema lleva a una mejora económica ya que proporciona un incentivo económico a los que contaminan poco para mantener bajos sus niveles de emisión y un desincentivo económico para que los que tienen emisiones elevadas las reduzcan. (...) Lo que el mundo necesita es un sistema que estimule a un país como la India a mantener sus emisiones tan bajas como sea posible y presione a un país como los Estados Unidos a reducir rápidamente sus emisiones. El CSE cree que debería introducirse un sistema global de permisos comercializables para controlar las emisiones globales de gases de efecto invernadero. A todos los países debería dárseles cuotas comercializables en proporción a su peso dentro de la población mundial (Agarwal y Narain, 1992: 19-20).

La idea de comercializar cuotas de emisión puede parecer inmoral para algunos pero cabe destacar dos cosas. La primera es que en este tipo de sistema de derechos comercializables el mercado no determina el total de emisiones (como sería en una hipotética, aunque imposible en este caso, «negociación coasiana»: Coase —1960—) sino únicamente su distribución entre focos emisores. La segunda es que, en la mayoría de casos, dicha comercialización representaría en la práctica el paso de una situación en la que contaminar es gratis a una situación en la cual contaminar representa un coste (efectivo o «de oportunidad»).

Propuestas como la de Agarwal y Narain no han tenido de momento ninguna viabilidad política, pero el reto —después del convenio de declaración de intenciones de 1992 y del parcial compromiso cuantitativo de 1997— es conseguir un acuerdo cuantitativo realmente global que sea lo suficientemente equitativo: éste sería el tercer gran momento de la política internacional sobre el tema. La vía más clara y sencilla sería la propuesta anterior, como se defendía también en un artículo colectivo publicado en 2000 en la revista *Science* (Baer et. al., 2000): la repartición igualitaria de permisos de emisión en función del peso demográfico (en algún año de referencia, quizás actualizable) posibilitando después la negociación con estos permisos. Una propuesta más modesta sería avanzar progresivamente hacia dicha distribución per cápita igualitaria admitiendo transitoriamente desiguales cuotas per cápita pero que, desde el principio, fuesen lo suficientemente próximos para crear excedentes para los países pobres y déficits para los ricos. De hecho, la fijación de objetivos post-Kioto teniendo en cuenta explícitamente las emisiones per cápita ya es uno de los criterios que se están planteando.

Tras la firma del Protocolo de Kioto, el hecho más negativo ha sido la ya comentada no ratificación de los Estados Unidos cuyos representantes en el encuentro de los firmantes del convenio celebrado en Buenos Aires a finales de 2004 plantearon que su objetivo era el de disminuir la intensidad de emisiones (es decir, las emisiones de CO_2 en relación al PIB). Fijar objetivos de «desvinculación» entre presiones ambientales y crecimiento económico en términos relativos o absolutos no es una cuestión menor. La «desvinculación» relativa o «débil» no asegura —cuando el crecimiento económico es importante— que se dé «desvinculación» absoluta o «fuerte» (Roca y Alcántara, 2001). La postura de Estados Unidos incluso puso en peligro la entrada en vigor del Protocolo ya que para ello se requería una ratificación por parte de un número suficiente de países que, como una de las condiciones, representasen como mínimo el 55% de las emisiones de los países del Anexo I, cosa que no se produjo hasta la ratificación de Rusia. Finalmente el protocolo entró en vigor el 16 de febrero de 2005.

En el Protocolo de Kioto se plantearon diversos «mecanismos de flexibilización» (Michaelowa, 2003). El primero, a veces no incluido en este concepto, es la posibilidad de que diversos países cumplan su compromiso de forma colectiva (como una «burbuja» en la jerga de las negociaciones). La Unión Europea se acogió a esta posibilidad de forma que su compromiso global de disminución en un 8% se concretó en diferentes obligaciones para cada país. Así, a España, con unas emisiones per cápita inferiores a la media de la UE (aunque cada vez más próximas), se le permite aumentarlas en un 15% mientras que otros países tienen compromisos de reducción muy superiores al 8%, como son los casos de Alemania y Dinamarca que tendrían que reducir las emisiones en un 21%.

Otros dos mecanismos de flexibilización implican también únicamente a los países del Anexo I. Se trata de la compra-venta de «derechos de emisión»[1] y de la financiación de proyectos (*joint implementation*, aplicación o ejecución conjunta), instrumentos mediante los cuales un país puede aumentar sus derechos —mientras otro los disminuye— mediante la compra directa de derechos o mediante la financiación de un proyecto que suponga reducción de emisiones en otro país. Estos dos mecanismos no afectan en principio a la cantidad total de emisiones sino únicamente a su distribución con la filosofía general de que permiten que las reducciones se concentren en el lugar en que sea menos costoso. Un argumento fundamentado aunque, desde el punto de vista dinámi-

1. La palabra «derechos» quizás es inapropiada —y algunos preferiríamos hablar de licencias, permisos o simplemente cuotas— aunque es la palabra que se ha tendido a utilizar en castellano para referirse a este mecanismo tanto para el que contempla el Protocolo de Kioto como para los sistemas de *cap and trade* que afectan a instalaciones productivas. Si consultamos, en la página web de la convención del cambio climático (unfccc), el texto del Protocolo de Kioto vemos que en la versión española se utiliza «comercio de los derechos de emisión», en la inglesa *emissions trading* y en la francesa también *échange de droits d'émission*. Si vemos las opciones adoptadas por la Unión Europea para el mercado de CO_2 (al que luego nos referimos) se trata de «derechos», *allowances* y *quotes* respectivamente.

co, puede argumentarse también que si los países más ricos pueden reducir sus esfuerzos con compras de derechos o inversiones en el exterior, entonces el desarrollo de nuevas tecnologías —y de diferentes estilos de vida— puede retrasarse. Además, en el caso concreto del Protocolo de Kioto se da la circunstancia de que algunos países —en especial Rusia— tienen un compromiso, estabilizar sus emisiones respecto a las de 1990, que, dada la gran reducción de las emisiones que siguió al hundimiento de su sistema económico, significa que tienen derechos excedentes sin haber realizado ningún esfuerzo específico: podrán así vender «humo» de forma que en la práctica el uso de estos mecanismos podría afectar a las emisiones totales y no sólo a su distribución.

El último de los mecanismos, llamado de «desarrollo limpio» (*clean development mechanism*), es más problemático. Se trata de que países del Anexo I puedan obtener créditos de emisiones —es decir, puedan exceder sus derechos de emisión— mediante la inversión, pública o privada, en un país de fuera del anexo I —es decir, en un país sin compromisos de emisiones máximas— siempre que se trate de una inversión en un proyecto que conlleve menos emisiones. Aquí no se trata ni siquiera en teoría de una simple redistribución de un máximo conjunto de emisiones sino de que los países del anexo I puedan relajar sus compromisos a cambio de inversiones que se supone que no se hubiesen realizado en ausencia del mecanismo. La cuestión es que el escenario base de referencia es necesariamente hipotético y es difícil demostrar que un proyecto concreto no se hubiese realizado. Para que el proyecto sea «adicional» debería demostrarse que no se hubiese llevado a cabo en cualquier caso, lo que en principio debería suponer que, en ausencia del Protocolo de Kioto, no sería suficientemente atractivo desde un punto de vista puramente económico. Por mucho que intervenga un organismo que evalúe la idoneidad o no de los proyectos, existe un problema de «información asimétrica» ya que los que mejor conocen el proyecto tienen interés en presentarlo como un proyecto que nunca se hubiese dado de no ser por la existencia del mecanismo de desarrollo limpio. El problema básico del mecanismo tiene que ver, pues, con asegurar la «calidad» de los proyectos. Otro aspecto, también de «calidad», tiene que ver con posibles efectos ambientales y sociales de los proyectos (Villacencio, 2004).

Por ejemplo, un proyecto de reforestación con especies de rápido crecimiento podría aumentar la absorción de CO_2 pero tener efectos ambientales negativos desde otros puntos de vista. Además, puede cuestionarse el hecho de que los países y empresas que invierten en países pobres no sean juzgados por el conjunto de sus proyectos, ni sean penalizados por los proyectos «sucios» y, en cambio, se puedan beneficiar de sus proyectos más «limpios».

La Unión Europea y la directiva sobre comercio de derechos de emisión

Un aspecto positivo a señalar es que la UE mantuvo en todo momento su decisión de cumplir con Kioto aún y en los momentos en que su entrada en vigor estaba claramente en peligro. También es importante que, en el año 2003, aprobó una directiva sobre comercio de derechos de emisión que, a pesar de sus limitaciones, sirvió como revulsivo para que los sectores empresariales —y, en particular, las empresas españolas— viesen que el tema «iba en serio» y que contaminar podía suponer importantes costes monetarios.

En síntesis, la directiva estableció que un número muy importante de instalaciones de sectores claves (generación de electricidad, refinerías de petróleo, siderurgia, cemento, papel, vidrio y cerámica) tendrían un número de derechos de emisión (un derecho equivale a una tonelada CO_2) limitados y para superarlos deberían comprarlos a otras instalaciones que emitan menos de lo permitido por sus derechos o, en caso contrario, pagar una importante multa. Ello se concretó para la primera fase del 2005-2007, mientras que en la segunda fase (2008-2012) las instalaciones y gases afectados podrían ampliarse. Cabe señalar que los derechos distribuidos para 2005-2007 eran utilizables en este período «caducando» al finalizar el año 2007, es decir, no podían acumularse para el futuro (lo que se ha llamado la posibilidad del *banking* que sí se introdujo en otras experiencias como en la de los mercados de permisos de SO_2 en EEUU).

No se debe confundir el mercado europeo de emisiones interempresarial con el ya explicado mercado internacional aprobado en Kioto aunque ambos están interrelacionados. En efecto, la UE aprobó también una directiva de «vinculación» que permite

Gráfico 1

Precio de los derechos de emisión de CO_2 en la Unión Europea (euro/tonelada de CO_2)

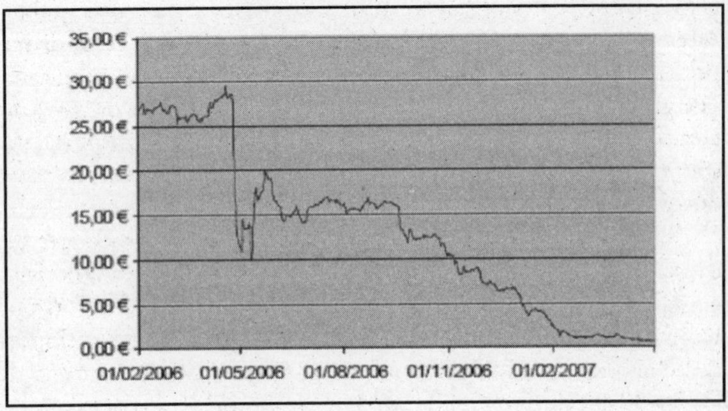

Fuente: http://www.sendeco2.com/reports/2007_04_Informe_Mensual_Sendeco2.pdf

que —de forma complementaria— las instalaciones afectadas por el comercio europeo de emisiones puedan utilizar los mecanismos de Kioto para cumplir con sus compromisos: es decir, podrían utilizarlos para emitir más CO_2 que el que posibilitarían los derechos que poseen «apuntándose» reducciones en otros países. Los proyectos de «aplicación conjunta» en países del antiguo bloque de la Unión Soviética —que tienen excedentes de derechos de emisión (ver después el gráfico 3)— pueden ser una opción atractiva para las empresas; en el caso español, los proyectos de «desarrollo limpio» en América Latina parecen ser la alternativa potencialmente más utilizada. No sólo existe la opción de financiar directamente proyectos sino de participar en «fondos de carbono» aportando capital y obteniendo «dividendos» en forma de créditos de carbono para utilizarlos o comercializarlos.

Por primera vez, verter gases de efecto invernadero, lo que hasta ahora se podía hacer gratuitamente sin restricciones, supone para algunas empresas un coste monetario, un gran avance a pesar de que no se paga por todas las emisiones (sino sólo por las que sobrepasen unos derechos que pueden ejercerse de forma gratuita). Antes había fracasado —en 1992 y 1995 en gran parte debido al veto de los gobiernos españoles— la introducción de un impuesto europeo sobre el CO_2, un instrumento que responde más genuinamente al tan aceptado —pero poco aplicado— principio «quien contamina, paga». Además, el instrumento aprobado sólo afecta —y ésta es otra de sus principales limitaciones comparado a un impuesto— a instalaciones que generan menos de la mitad de las emisiones totales de gases de efecto invernadero y, en concreto, queda excluido el transporte, un sector de emisiones «difusas» pero que son las que más están creciendo desde hace décadas en los países ricos.

En el mercado se han intercambiado cientos de millones de derechos de emisión. Por lo que se refiere a los precios, la experiencia de esta primera fase ha sido la siguiente. Después de los primeros meses del 2005, de gran volatilidad de precios, el precio del derecho —es decir, de una tonelada de CO_2— se movió entorno a los 20-30 euros. Como refleja el gráfico 1, a mediados del 2006 el precio se hundió debido a que se conocieron los datos de 2005 según los cuales el conjunto de instalaciones afectadas por la directiva habían emitido menos CO_2 que los derechos anuales otorgados (aunque en algún país, como España, se dio lo contrario). Tras una ligera recuperación la tendencia ha sido de una mucho más radical caída de precios: en diciembre, los derechos de emisión casi se regalaban (el precio se movió de seis a tres céntimos de euro). Para explicarlo recordemos que los derechos no eran acumulables y perdían todo valor a final del 2007 lo que sólo podía dar lugar a dos situaciones a final de año, o la de hundimiento de precios o —si se hubiese producido un déficit de derechos— la de precios muy elevados para evitar las fuertes multas asociadas al incumplimiento de los límites permitidos. Parece claro que puede hablarse de un reparto de derechos que —al menos en la primera fase— se ha evidenciado extremadamente generoso.

La difícil situación española y el plan nacional de asignación de derechos

Pasados casi diez años desde la firma del Protocolo de Kioto, la situación española es muy preocupante. Las emisiones de los seis gases regulados por el protocolo se sitúan más o menos en un 50%

Gráfico 2
Evolución de las emisiones de GEI en España (1990-2006)

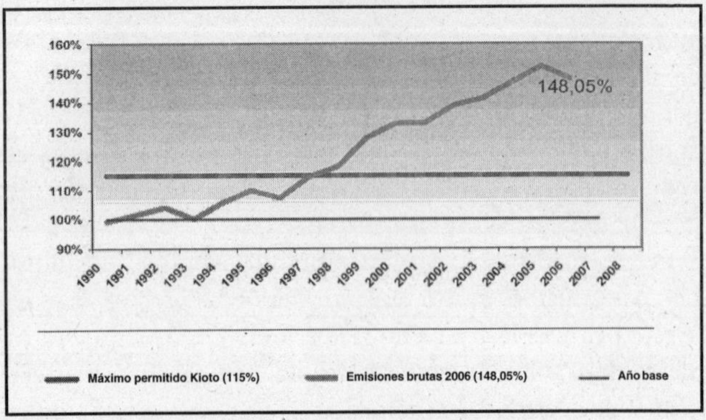

Fuente: Nieto y Santamarta (2007).

por encima de las de 1990 (gráfico 2), un aumento porcentual que ya más que triplica el permitido en el acuerdo interno de la «burbuja» europea: el 15% en 2008-2012 respecto al 1990. Las emisiones per cápita de gases de efecto invernadero españolas eran hace unos años muy inferiores a la media de la Unión Europea de los quince (antes de la última ampliación) pero ya prácticamente se han igualado: 10,8 toneladas de CO_2 equivalente/persona frente a 11,2 toneladas/persona (Ministerio de Medio Ambiente, 2006: 13). España se sitúa en primer lugar entre los países del Anexo I del Protocolo de Kioto por lo que respecta al aumento de emisiones (gráfico 3).

España tuvo que elaborar, como el resto de países de la UE, su plan nacional de asignación de derechos de emisión para 2005-2007 (BOE, 2004). En este plan se especificaba el total de derechos a distribuir y su reparto intersectorial y también los objetivos para los sectores no afectados por la directiva y para el período 2008-2012 (segunda fase del mercado europea de derechos). Simplificando, el plan pretendía frenar el crecimiento de las emisiones y que más o menos se estabilizasen en 2005-2007 respecto al promedio de 2000-2002 manteniendo las mismas proporciones respecto

Gráfico 3

Cambios en las emisiones de gases de efecto invernadero en los países del anexo I del Protocolo de Kioto (1990-2003)

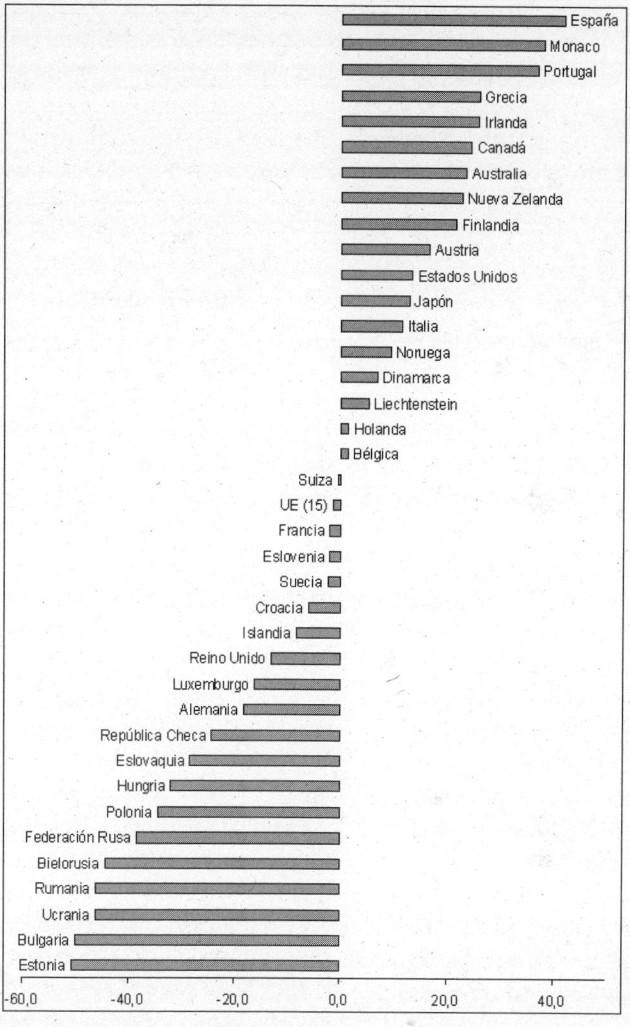

Fuente: *Key GHG Data,* United Nations Framework Convention on Climate Change, 2005.

al total de emisiones de los sectores afectados por la directiva europea y de los no afectados. Dada la dinámica previa, este objetivo intermedio era ambicioso; en cualquier caso, las instalaciones afectados por la directiva podían aumentar sus emisiones si bien con el coste de pagar por el exceso de emisiones. Lo más difícil era romper la tendencia creciente de las emisiones del transporte, residencial y de los servicios. Para el período 2008-2012, el plan dibujaba un escenario según el cual las emisiones se reducirán significativamente hasta situarse en un 24% por encima de las de 1990. La desviación respecto al 15% de aumento exigido por la UE se pensaba cumplir de dos formas. Un 2% sería a cuenta de la absorción por sumideros gracias sobre todo al aumento de superficie forestal. El 7% de déficit restante se cubriría a cuenta de créditos procedentes de los mecanismos internacionales.

El nuevo Plan Nacional de Asignación de derechos 2008-2012 ha tenido que reconocer la realidad (ver el gráfico 2) y revisar sus objetivos. Mientras el reparto de derechos a las instalaciones se ajusta al compromiso español ya que corresponde aproximadamente a un 15% por encima de las emisiones de 1990, la reducción de emisiones de los sectores difusos se revisa de forma que se espera que las emisiones totales crezcan un 37% (y no el 24% que era el objetivo anterior). Si, por la absorción de los sumideros, se consiguen justificar un equivalente al 2% de emisiones de 1990, entonces el 20% restante se tendrá que cubrir haciendo uso de los mecanismos de flexibilización (ver gráfico 4); en concreto, el plan contempla la necesidad de adquirir un total de 289,39 millones de toneladas de CO_2 equivalente para el quinquenio 2008-2012 mediante estos mecanismos. El coste —que el plan estima en unos 5 euros por tonelada— en principio sería financiado por todos los ciudadanos a través de los presupuestos públicos; ello va contra el principio de la internalización de costes que exigiría que las actividades causantes de los excesos de emisiones paguen por ello; en el caso del transporte ello requeriría que como mínimo el precio del carburante reflejase el coste que para el país supone la necesidad de comprar derechos en los mercados internacionales o la financiación de proyectos en el exterior para cubrir el excesivo aumento de emisiones. Esta internalización, en absoluto prevista en el plan español ni en la directiva europea, se plantea, con diferentes mecanismos, por

Gráfico 4
Previsiones del Plan español de asignación de emisiones (2008-2012)

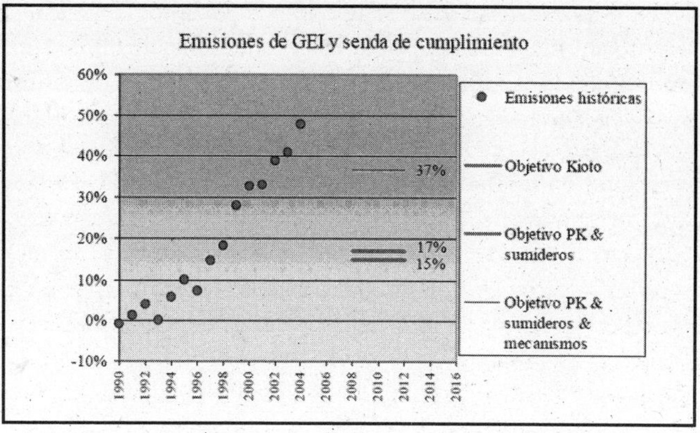

Fuente: Ministerio de Medio Ambiente (2006).

Antonio Estevan (2005) y también por Teresa Ramos Gorostiza (de la Dirección General de Financiación Internacional del Ministerio de Economía) para quien «lo más neutro y próximo al principio 'quien contamina paga' sería actuar fiscalmente sobre el consumo de combustible, medida que convendría estudiar detenidamente» (Ramos Gorostiza, 2005: 135).

Conclusión

Tanto el Protocolo de Kioto como el mercado de derechos de CO_2 europeo pueden considerarse importantes pasos internacionales para dar respuesta al exceso de emisiones de gases de efecto invernadero. Dichos pasos son extremadamente tímidos y aún así la realidad está resultando aún más frustrante. Por lo que se refiere al protocolo, el país más contaminador —los Estados Unidos— ya se desvinculó de su limitado compromiso y, además, el generoso trato a países como Rusia y el uso del problemático «mecanismo de desarrollo limpio» seguramente contribuirán a que los países del Anexo I que sí han ratificado el protocolo puedan cumplir formalmente con él sin grandes cambios en sus tecnologías y estilos de vida (aunque en algunos casos asumiendo un coste monetario directo). Por lo que se refiere al mercado europeo es un instrumento interesante pero muy parcial y cuyo potencial se ha visto, además, limitado —al menos en la primera fase— por la generosa distribución de derechos (que ha llevado a unos precios bajísimos) y por la posibilidad de cubrir los compromisos acudiendo a los mecanismos de flexibilización de Kioto. La situación española —con un récord de aumento de emisiones entre los países del Anexo I— es la más problemática y a pesar de las intenciones de los planes del ministerio de medio ambiente la realidad es que no se vislumbran cambios significativos.

Referencias

AGARWAL, A. y NARAIN (1991), S., *Global warming in an unequal world. A case of environmental colionalism*, Centre for Science and Environment, Nueva Delhi, India.

AZAR, C. (2000), «Economics and distribution in the greenhouse», *Climate Change*, vol. 47: 233-238.

BAER, P. et al. (2000), «Equity and Greenhouse Gas Responsibility», *Science*, vol. 289, septiembre.

BOE (2004), Real Decreto 1866/2004, de 6 de septiembre, por el que se aprueba el Plan nacional de asignación de derechos de emisión 2005-2007, BOE núm. 216, 7 de septiembre de 2004.

BOE (2006), Real Decreto 1370/2006, de 20 de julio, por el que se aprueba el Plan nacional de asignación de derechos de emisión de gases de efecto invernadero 2005-2007, BOE núm. 282, 25 de noviembre de 2006.

CAMPBELL, C.J. y LAHERRÈRE, J.H. (1998), «The End of Cheap Oil», *Scientific American*, marzo.

COASE, R. (1960), «El problema del coste social», en Aguilera Klink, F. y V. Alcántara (eds.), *De la economía ambiental a la economía ecológica*, Icaria, Barcelona, pp. 65-124.

DALY, H. E. (1999), «Steady-state economics: avoiding uneconomic growth» en J.C.J.M. van den Bergh (ed.), *Handbook of*

Environmental and Resource Economics, Edward Elgar, Chelktenham, Reino Unido.
DECANIO, S.J. (2003), *Economic Models of Climate Change. A Critique,* Palgrave Macmillan.
EUROPEAN ENVIRONMENT AGENCY (2001), «Late Lessons from Early Warnings: the precautionary principle 1896-2000», *Environmental Issue Report*, n. 22, Copenhague.
ESTEVAN, A. (2005), «Modelos de transporte y emisiones de CO_2 en España», *Revista de Economía Crítica*, n. 4.
HOWARTH, R. B. (2003), «Climate change» en Neumayer, E. (ed.), *International Society for Ecological Economics Internet Encyclopaedia of Ecological Economics,* http://www.ecoeco.org/publica/encyc.htm.
INTERNATIONAL ENERGY AGENCY (2006), *Key World Energy Statistics*, www.iea.org.
MARTÍNEZ ALIER, J. y ROCA JUSMET, J. (2001), *Economía ecológica y política ambiental*, Fondo de Cultura Económica/ Programa de las Naciones Unidas para el Medio Ambiente, México, segunda edición.
MICHAELOWA, A. (2003), «The Kyoto Protocol and its mechanisms» en Neumayer, E. (ed), *International Society for Ecological Economics Internet Encyclopaedia of Ecological Economics.* http://www.ecoeco.org/publica/encyc.htm.
MINISTERIO DE MEDIO AMBIENTE (2007), *Plan Nacional de Asignación de derechos de emisión 2008-2012, propuesta, 12 de julio de 2006,* http://www.mma.es/secciones/cambio_climatico/documentacion_cc/historicos_cc/pdf/PNA2_Propuesta_ConPub.pdf.
RAMOS GOROSTIZA, T. (2005), «El papel de los fondos de carbono en la estrategia española de utilización de los mecanismos flexibles del Protocolo de Kioto», *Revista de Economía del ICE,* n. 822, mayo 2005.
RIECHMANN, J. (2002), «Introducción: un principio para reorientar las relaciones de la humanidad con la biosfera» en Riechmann, J. y Tickner, J. (coord.), *El principio de precaución*, Icaria, Barcelona.
ROCA, J. y ALCÁNTARA, V. (2001), «Energy intensity, CO_2 emissions and the environmental Kuznets curve. The Spanish case», *Energy Policy,* vol. 29/7, pp. 553-556.

NIETO, J. y J. SANTAMARTA (2007), «Las emisiones de gases de invernadero en España», Confederación sindical de Comisiones Obreras, Departamento de Medio Ambiente, http://www.madrimasd.org/cienciaysociedad/Kioto/documentacion/pdfs/emisiones2003.pdf.

VILLACENCIO, A., «Mitos y Realidad del Mecanismo de Desarrollo Limpio», *Revista de la red iberoamericana de economía ecológica,* vol. 1, 2004, http://www.redibec.org/archivos/revista7_f.htm.

IV. DE LOS COMBUSTIBLES FÓSILES Y NUCLEARES A LOS SISTEMAS ENERGÉTICOS LIMPIOS Y EFICIENTES DEL SIGLO XXI

Josep Puig i Boix

La era de los combustibles fósiles

La era de los combustibles fósiles representa, en el marco de la historia geológica de nuestro planeta, un minúsculo período de tiempo. Con todos los cambios ocurridos en la Tierra a lo largo de los últimos 10.000 siglos, una cosa ha permanecido inmutable: el hecho de la dependencia de la raza humana respecto del Sol. La única diferencia entre entonces y ahora, es que hemos llegado a ser aun más dependientes del Sol, ya que hoy dependemos de unas fuentes de energía la mayor parte de las cuales tiene indirectamente un origen solar. Pero esta energía solar acumulada, hace decenas de millones de años en forma de combustibles fósiles, es estrictamente limitada y su duración depende exclusivamente de la velocidad con la cual nuestra sociedad la utilice. Al ritmo actual de consumo, en pocos decenios agotaremos el petróleo y el gas natural, destrozando los mecanismos que regulan el clima de nuestro planeta. ¿Y después, qué?

Para la evolución de cualquier sociedad es de gran importancia la elección que se haga de la base de recursos (materias y energía), pues a través de ellos se controla el ascenso y la caída de las civilizaciones, la libertad o la esclavitud de las naciones, los movimientos del comercio y la industria, el origen de la riqueza y la pobreza, el bienestar de la humanidad, etc. Los que tienen la propiedad de los sistemas energéticos tienen el poder de tomar decisiones y hacer compromisos que afectan a las inversiones, los puestos de trabajo, las compras de equipos, la planificación territorial. Por tanto, tienen un impacto de amplio alcance sobre la economía y la sociedad.

La energía que nuestra sociedad utiliza para producir, distribuir y consumir bienes y servicios es de origen fósil (carbón, petróleo y gas natural). La base material más importante del proceso industrial son las materias primas fósiles (minerales, metales, etc.). Así pues, la economía mundial moderna, que se denomina como ilimitadamente abierta (mercado abierto, sociedad abierta), opera en el marco de un sistema limitado o cerrado. La Tierra es un sistema abierto por lo que se refiere a la radiación solar, la fuerza de la gravedad, la radiación cósmica, pero es a su vez un sistema cerrado por lo que se refiere a las materias primas y las fuentes de energía fósiles, el agua, el aire, los suelos. Mientras la economía mundial opere sobre la base de estas fuentes de energía y de estas materias primas fósiles tendrá una perspectiva muy restringida, ya que los recursos fósiles son limitados y la transformación sobrecarga, daña y destruye los elementos indispensables para la vida en la Tierra (el agua, el aire y los suelos).

El mundo moderno, adicto a los combustibles fósiles

El mundo donde vivimos depende hoy para su funcionamiento de los combustibles fósiles. Sin la energía que nos proporcionan los combustibles fósiles el mundo actual no sería imaginable. Esta dependencia no es nueva. Ya en los inicios de la industrialización, Inglaterra apostó decididamente por el carbón, y todos los países que copiaron el camino de desarrollo industrial, también hicieron del carbón su fuente de energía básica. Todo ello cambió al descubrirse el petróleo. La dependencia del carbón fue substituida por la dependencia del petróleo. Hoy, después de las sucesivas crisis del petróleo, la dependencia del que se denominó «oro negro», es considerable. Y aún es más considerable la dependencia del mundo actual del conjunto de los combustibles fósiles. Según la Agencia Internacional de la Energía (AIE), en el año 2001, un 35% del suministro de energía primaria en el mundo procedía del petróleo, un 23,3% del carbón y un 21,2% del gas natural. Por tanto, el 79,5% del aprovisionamiento energético del mundo, procedía de los combustibles fósiles. El resto, un 20,5%, se reparte entre combustibles renovables y residuos (10,9%), energía nuclear (6,9%), hidráulica (2,2%) y otras fuentes de energía renovable (0,5%).

Podríamos decir que el mundo actual es adicto o, mejor dicho, ha creado una adicción, a los combustibles fósiles, estos combustibles que están en la corteza terrestre y que no son más que el resultado del secuestro del carbono existente en la atmósfera original de nuestro planeta, hace millones de años. La fosilización de este carbono, en forma de carbón, petróleo, gas natural, esquistos bituminosos y arenas asfálticas, hizo posible que la atmósfera de la Tierra se enriqueciera en oxígeno y se empobreciera en carbono, y como consecuencia, pudiera surgir la vida en nuestro planeta. Pero hoy estamos rehaciendo, en sentido inverso, este camino, ya que nuestra sociedad, fósil-adicta, hace posible la quema de los combustibles fósiles en cantidades ingentes y a gran velocidad, liberando enormes cantidades de carbono a la atmósfera (en el año 2002, las emisiones de carbono fueron superiores a 6.400 millones de toneladas, cuando en el año 1950 eran 1.612 millones).

Solamente entre un 0,03% y un 0,04% de los gases que componen la atmósfera de la Tierra es dióxido de carbono (CO_2). Este gas, juntamente con el vapor de agua (del 0 al 2% de la composición de la atmósfera) y otros gases de menor importancia, hacen que la atmósfera absorba parte de la radiación térmica que emite la superficie de la Tierra, cuando se calienta a causa de la radiación solar que recibe. Estos gases que actúan sobre la radiación, se denominan gases de efecto invernadero (GEI), ya que retienen la radiación térmica y hacen que la Tierra sea más caliente de lo que sería sin ellos. En ausencia de los GEI la temperatura media de la Tierra sería del orden de –20ºC.

Antes de la industrialización, la concentración de CO_2 en la atmósfera era de 278 ppm. El año 2002 ya había crecido hasta 372,9 ppm, un 34% de incremento, cosa que hace que la temperatura media actual del planeta sea 14,52ºC, bastante por encima de la del año 1950 (13,87ºC). A lo largo de los últimos 400.000 años, el clima de la Tierra ha sido inestable, manifestándose cambios significativos de temperatura, que iban desde clima templado hasta eras heladas en pocas décadas. Estos cambios sugieren que el clima de nuestro planeta es muy sensible a los forzamientos y a las retroalimentaciones climáticas internas y externas. A lo largo de los últimos 10.000 años, las temperaturas han variado poco. Con los datos hoy disponibles, es poco probable que la temperatura media global haya variado mas de 1°C por siglo, durante estos 100 siglos. Pero hoy la concentración de CO_2 en la atmósfera es ya superior a la que nunca ha habido a lo largo de los últimos 400.000 años. Y si todo continúa igual (desde el año 1950 hasta el 2000, el consumo de combustibles fósiles se ha multiplicado por 4,7), sin cambios significativos por lo que hace al aprovisionamiento de energía del mundo, la concentración de CO_2 en la atmósfera podría llegar a superar la cifra de 600 ppm (más del doble de la que había antes de iniciarse la industrialización).

Hoy sabemos que el CO_2 actúa como una trampa de radiación infrarroja, forzando las temperaturas al alza. Hoy sabemos que la concentración de CO_2 en la atmósfera nunca en los últimos 400.000 años había superado la cifra de 300 ppm, hasta que comenzó la locura de quemar combustibles fósiles como si fuesen inagotables. Hoy constatamos que la concentración de CO_2 en la atmósfera va en aumento. Y que si no hacemos nada, la concentración puede llegar a 600 ppm cuando los nacidos hoy sean los que habrán de tomar las decisiones en el mundo. Lo que es cierto es que el no actuar nos lleva a la aceleración del cambio climático. La única incertidumbre es a qué velocidad las temperaturas aumentarán y hasta cuándo.

En el mundo, las emisiones de CO_2, en el año 2001, fueron 23.683 millones de toneladas (6.378 millones de toneladas de carbono), es decir, 3,88 tn CO_2/cápita. Como que el Producto Global Bruto, este mismo año, fue de 42.374.340 millones de dólares (del año 1995, habiendo corregido la paridad del poder de adquisición), resulta una eficiencia en CO_2 de la economía mundial de 1.789 $/tn CO_2 emitida. El país que tiene la eficiencia en CO_2 más elevada del mundo es Japón (7.621 $/tn CO_2 en el año 2001), donde el nivel de emisiones es de 8,9 tn CO_2/cápita. Si todas las personas que habitan el planeta Tierra tuviesen un nivel de emisiones como Japón, resultarían unas emisiones globales superiores a 54.312 millones de toneladas, más del doble de las actuales. De estos datos se desprende que, por más eficiente que hiciéramos la economía mundial en carbono, no se reducirían las emisiones de CO_2. Por tanto, si hemos de hacer frente al deterioro de los mecanismos reguladores del clima de la Tierra, solamente tenemos una alternativa: ir disminuyendo la dependencia de los combustibles fósiles, hasta llegar a prescindir totalmente de ellos, haciendo nacer una economía libre de carbono fósil.

¿Puede la energía nuclear ser realmente una alternativa?

Para hacer frente al calentamiento de la atmósfera hay quien ha propuesto la introducción masiva de la energía nuclear, una fuente de energía que se basa en la fisión de un isótopo del uranio, el uranio-235, del cual sólo un 0,711% se encuentra en el uranio natural (el 99,28% del uranio natural es U-238 que no es fisionable). Además, los minerales de uranio que hoy se explotan tienen un contenido de entre 0,2% y 0,003% en uranio, cosa que hace que se hayan de someter a un proceso de concentración (fábricas de concentrados de mineral de uranio), en el cual se generan (en cantidades ingentes) los denominados estériles de la minería del uranio que contienen el 85% de la radioactividad original del mineral. Este proceso es un proceso muy contaminante, y muy poco conocido por la opinión pública.

De hecho, la energía nuclear no ha pasado la prueba del mercado, pues donde existe un mercado de energía más o menos libre, la nuclear ha necesitado ser tratada con todo tipo de privilegios y tratos de favor para hacer posible que continuase generando electricidad, ya que los kWh generados con reactores nucleares han demostrado no ser competitivos con otras formas de generación.

Aquellos que proponen la energía nuclear para cubrir las necesidades energéticas del mundo olvidan que la energía nuclear produce únicamente energía eléctrica, y que la electricidad es sólo una parte de le energía consumida en el mundo. Hoy la energía nuclear representa sólo el 6,9% del suministro de energía primaria en el mundo y el 17,1% de la generación de electricidad (hoy hay en el mundo 437 reactores nucleares para la producción de electricidad, con una potencia instalada de 357 GW). De toda le electricidad generada en el mundo, en el año 2001 (15.476 TWh), 9.982 TWh se generaron con combustibles fósiles (un 38% se generó con carbón, un 18% con gas natural y un 7% con petróleo) y 2.653 TWh con nucleares. El resto, 2.841 TWh, con energía hidráulica y otras renovables.

Veamos qué papel podría tener la energía nuclear en la reducción de las emisiones de CO_2. Hoy sólo un 17% de la electricidad generada en el mundo es de origen nuclear. La industria eléctrica es responsable del 25% del consumo de combustibles fósiles. El consumo de combustibles fósiles es responsable de las 2/3 partes de las emisiones de CO_2 a la atmósfera. El CO_2 es responsable en un 50% del calentamiento global. Incluso, si toda la electricidad mundial de origen fósil fuera generada con centrales nucleares, la reducción del calentamiento global sería sólo de un 10%. Y ello querría decir la construcción de 1.424 centrales nucleares de 1 GW de potencia cada una.

Para poder disponer del combustible necesario para funcionar estos 1.424 reactores, sería necesario extraer 370 millones de toneladas de mineral de uranio, para obtener 271.000 tn de torta amarilla o óxido de uranio (U_3O_8) mediante las fábricas de concentración del mineral de uranio (que generarían más de 640 millones de tn de residuos líquidos y más de 425 millones de tn de residuos sólidos, que contendrían el 85% de la radioactividad original del mineral, y que permanecerían abandonados durante siglos en las balsas de retención de estériles a pie de fábrica). La torta amarilla es la base para la fabricación del combustible nuclear, después de su enriquecimiento en el isótopo U-235. Este proceso generaría cantidades ingentes del denominado uranio empobrecido, que ya hoy es utilizado por la industria de armamento como recubrimiento de proyectiles y bombas (lo que les da un gran poder de penetración). El combustible gastado, después de ser sometido al proceso de fisión dentro del núcleo del reactor (más de 35.600 tn) contendría 285 tn de plutonio, con el que se podrían fabricar 28.550 bombas atómicas, si este material fisionable se recuperase en las fábricas de reprocesamiento del combustible gastado, en un proceso altamente contaminante, desde el punto de mira radiológico. En el caso de que el combustible gastado no se reprocesara, entonces el plutonio permanecería confinado dentro de las barras del combustible. En este caso, será necesario gestionar este producto radiactivo durante 500.000 años (el período de semi-desintegración del plutonio es de 24.300 años, ello quiere decir que después de este período de tiempo su radiactividad habrá disminuido a la mitad. Para que un producto radiactivo deje de ser dañino para el entorno, es necesario que transcurran veinte períodos de semidesintegración. Para el plutonio ello quiere decir casi medio millón de años o 16.666 generaciones humanas).

Querer confiar en la energía nuclear para combatir el calentamiento global del planeta debido a la quema de los combustibles fósiles, aparte de no resolver el problema, significaría poner al mundo en un camino con un enorme riesgo de proliferación nuclear. Si hoy ya se hace difícil controlar el riesgo de proliferación nuclear con 437 reactores nucleares funcionando en el mundo, ¿que podría pasar si funcionasen, además de los ya existentes, 1.424 reactores adicionales? También querría decir, realizar unas enormes inversiones, dado que el coste de instalación de centrales nucleares es superior a 2.000 euros/kW. Construir 1.424 reactores significaría unas inversiones de casi tres billones de euros. Desde un punto de vista estrictamente energético y económico, hay alternativas más eficientes por lo que respecta al calentamiento del planeta.

¿Es viable la fusión nuclear?

Hay quien confía en la denominada fusión nuclear. Actualmente, la fusión nuclear puede ser considerada como la fuente de energía más sofisticada, además de ser una de las fuentes a las que se dedica más esfuerzo científico. Evidentemente, es la fuente de energía más complicada, tan complicada que, hasta hoy, nunca nadie ha sido capaz de demostrar su viabilidad, ni tan sólo a nivel experimental.

El principio de la fusión nuclear es muy sencillo. En vez de romper átomos pesados (eso es la fisión nuclear), se trata de juntar átomos ligeros. Tanto en un caso como en el otro hay una gran liberación de energía, debido a la pérdida de masa (1 g de masa convertido en energía equivale a la energía liberada por 22.000 tn. de TNT cuando estalla, 1 tn TNT equivale a $4{,}1 * 10^9$ joules).

Al tener los núcleos de los átomos de los elementos ligeros carga eléctrica positiva, cabe vencer grandes fuerzas de repulsión electrostática (la barrera de Coulomb), para conseguir su acercamiento y su fusión dando como resultado un núcleo menos pesado que cada uno de los núcleos fusionados. La mejor forma de conseguirlo es «calentando», es decir, por agitación térmica; por ello se denomina fusión termonuclear. Pero las temperaturas necesarias son del orden de decenas y centenas de millones de grados: la fusión deuterio-tritio requiere una temperatura de $45*10^6$ de grados, y la fusión deuterio-deuterio requiere una temperatura de $400*10^6$ grados.

Con estas elevadísimas temperaturas comienzan las dificultades, ya que sólo se alcanzan de forma natural en las estrellas (en el Sol, la fusión protón-protón se realiza a una temperatura de $15*10^6$ de grados, más baja debido a la elevada densidad y a la alta población de partículas) y de forma artificial en el corazón de una explosión nuclear. La realidad, hoy por hoy, es que el único ejemplo exitoso de la energía termonuclear es ¡la explosión de la bomba de hidrogeno!, en la cual se alcanza la temperatura necesaria ¡haciendo explotar previamente una bomba atómica de U-235 o de Pu-239!

Por otro lado cabe considerar que las temperaturas más altas conseguidas con normalidad en la Tierra nunca han sobrepasado los 5.000 grados centígrados (¡y se alcanzan mediante energías renovables!, concentrando los rayos del Sol, con ingenios concentradores solares, como el horno solar de Odeillo, en la Cerdaña francesa).

Además de la temperatura, hay otros parámetros importantes que juegan un papel clave en la física de la fusión nuclear: por una parte, la densidad de las partículas que reaccionan en el plasma (n) y por otra el tiempo de confinamiento (t), tiempo durante el cual la reacción puede ser mantenida antes de que los productos se dispersen. En el año 1957, el físico británico Lawson enunció su conocido criterio que rige los mecanismos de la fusión nuclear: el producto de la densidad de partículas (n), por el tiempo de confinamiento (t) ha de ser superior a un valor dado (para la fusión deuterio-tritio ha de ser superior a 10^{14} s/cm^3 y para la fusión deuterio-deuterio ha de ser superior a 10^{16} s/cm^3.

Pero ¿se han alcanzado alguna vez alguno o todos estos parámetros básicos en alguno de los artefactos empleados en la investigación experimental de la fusión nuclear? Desde el año 1991, se han producido de forma controlada algunos MW de energía de fusión en experimentos con la reacción deuterio-tritio, realizados en el JET —*Joint European Torus* y en el TFTR— *Tokamak Fusion Test Reactor*. En el año 1997, en el JET, se alcanzó la cifra de 12 MW con un pico de 16,1 MW, pero para alcanzar la temperatura necesaria se hubo de alimentar el experimento con 25,7 MW. De forma estacionaria, en el JET se han alcanzado más de 5 MW durante 5 segundos, con una producción de energía de 22 MJ. Se necesitó una potencia de 24 MW para suministrar una energía de calentamiento de 120 MJ. El controvertido proyecto ITER —*International Thermonuclear Experimental Reactor* pretende ser la continuación de todos estos ingenios.

Ahora bien, para que un reactor de fusión genere más energía que la que consume, el plasma debería permanecer confinado bien claramente en alguna parte material del reactor durante al menos dos segundos a 150 millones de grados centígrados y a una densidad de $2*10^{14}$ partículas por centímetro cúbico. Esta es la concreción del citado criterio de Lawson, para la reacción deuterio-tritio. Se puede concluir que aún se está lejos de alcanzarlo, es decir, de demostrar la viabilidad de la fusión nuclear.

Los físicos nucleares que trabajaban en estos proyectos, optimistas por naturaleza, manifestaban que a comienzos del siglo XXI podrían construir un reactor experimental de fusión y que si tenían resultados exitosos, entonces y sólo entonces se podría construir un prototipo de demostración de reactor de fusión termonuclear. Ello se podría alcanzar, según los más optimistas, a finales del primer cuarto del siglo XXI. Sólo entonces será posible hacer una valoración técnico-económica, es decir, comercial, de esta nueva fuente de energía. Los más optimistas afirman que en el año 2047 se podría iniciar la construcción del primer reactor de fusión nuclear comercial, que estaría acabado en el año 2055.

En el marco de este objetivo se inscribe el proyecto ITER, que son las siglas en inglés de Reactor Termonuclear Experimental Internacional. Bajo estas siglas se reúne un programa de investigación internacional para demostrar la viabilidad científica y tecnológica de la fusión nuclear. A su vez, este experimento quiere proporcionar la información científica y tecnológica necesaria para el desarrollo de un reactor de fusión nuclear de demostración (denominado DEMO).

El ITER no es más que un proyecto para realizar un experimento que pretende hacer durar la fusión durante unos 100 segundos, para permitir que las partículas de helio, resultantes de la reacción de fusión, sean la fuente dominante de calor y que la potencia de fusión sea del orden de 100 MW. Hoy ni tan sólo se sabe si se podrá hacer funcionar de forma continua. Uno de los objetivos del ITER es aprender a controlar el ciclo del tritio.

El ITER será una instalación experimental que lleva asociada una descomunal inversión (o un enorme despilfarro, según como se mire). Primero se anunció una cantidad de 3.700 millones de euros en diez años y posteriormente se aumentó hasta 4.500 millones de euros (3.500 millones para la construcción a lo largo de diez años, más 700 millones de costes asociados), además de unos costes de operación da unos 220 millones de euros durante veinte años). En toda Europa el *lobby* político-tecno-científico favorable a la fusión se agrupa hoy dentro de EURATOM —el tratado europeo de la energía atómica (que nació para difundir la energía nuclear en Europa, a la sombra del programa Átomos para la Paz, promovido por los EUA a comienzos de los años cincuenta), que juntamente con la CECA (Comunidad Europea del Carbón y el Acero), hoy inexistente, fueron los dos instrumentos en torno a los cuales nació la Unión Europea actual. El Tratado de EURATOM es hoy muy cuestionado a nivel europeo, proponiéndose desde su abolición hasta su profunda revisión, para que deje de hacer tareas de promoción de la energía nuclear y se concentre estrictamente en cuestiones de seguridad nuclear.

Cabría preguntarse si esta forma de gastar el dinero, para un proyecto del que no es previsible que vaya a dar resultados comerciales, es la mejor forma de dedicar recursos públicos a proyectos energéticos, cuando, por ejemplo, a las energías renovables, que ya son una realidad mucho más cercana, se destinan unas cantidades muy inferiores que las dedicadas a la fusión nuclear.

La no renovabilidad de las fuentes de energía fósil y nuclear

La adicción a los combustibles fósiles de las sociedades industriales, no solamente pone en peligro la estabilidad climática de los últimos 10.000 años, sino que crea muchos otros problemas, como son su no renovabilidad y la dependencia respecto de las zonas productoras.

La no renovabilidad de los recursos fósiles es un problema de primera magnitud del sistema energético hoy vigente en el mundo. Al ritmo de consumo actual, según *la BP Statistical Review of*

World Energy, las reservas de combustibles fósiles durarían: 40 años para el petróleo, 62 años para el gas natural y 216 años para el carbón. Y la consecuencia inmediata, no es tanto su agotamiento físico, sino el momento en el cual la producción haya llegado a su punto álgido a partir del cual la producción empiece a disminuir y a no poder seguir el ritmo de la demanda. Según muchos analistas del ramo, la industria petrolera podría estar muy cerca de llegar a su punto de máxima producción. Además, se manifiestan hechos suficientemente alarmantes: se constata que los descubrimientos de nuevos yacimientos han disminuido año tras año, que el año 2003 no vio ningún nuevo campo petrolífero de mas de 500 millones de barriles, y que durante los años 2001 y 2002 las 10 mayores compañías petrolíferas no estatales del mundo gastaron más en exploración que el valor de lo que habían descubierto.

Lo mismo ocurre con los recursos nucleares. Ya en el año 1981, la Comisión Europea alertó de que si los programas nucleares entonces en curso llegaban a alcanzar los objetivos que se planteaban, habría escasez de uranio, a no ser que se desarrollasen los reactores de neutrones rápidos o reproductores. Estos reactores, que han sido uno de los mas sonados fracasos de la tecnología nuclear, habían de producir más combustible nuclear (transformando el U-238 en Pu-239 a través de la absorción neutrónica, al disponer de un recubrimiento de U-238 sobre el núcleo del U-235 del reactor) que el que gastaban, pero en realidad nunca han pasado a ser comerciales, debido a sus extraordinarios costes y a los innumerables problemas que presentaban. El ejemplo mas emblemático de este fracaso fue el Super-Phénix francés que hubo de ser abandonado por el gobierno francés.

En el año 2001, las necesidades de uranio de los reactores en funcionamiento en el mundo eran de 64.329 tn, mientras que la producción de uranio fue de 36.366 tn, por tanto, la diferencia entre producción y necesidades fue de –27.963 tn. Hasta finales del 2002, en el mundo se habían producido 2.012.414 tn de uranio y había acumuladas 2.352,55 millones de toneladas de estériles de la minería del uranio. Y en el enriquecimiento del uranio en su isótopo U-235 se han generado en el mundo 1.188.573 toneladas de uranio empobrecido o agotado, que hoy se pone a disposición de la industria militar a un coste nulo, para ser empleado en la fabricación de armamento convencional (recubierto con uranio empobrecido, pues el uranio es un metal de una gran dureza y al impactar entra espontáneamente en ignición). En fecha 1 de enero de 2001 había en el mundo unas reservas razonablemente aseguradas y unos recursos estimados adicionales de uranio (a un coste igual o inferior a 80 dólares) de 3.305.160 tn. Al ritmo actual de consumo sería suficiente para alimentar el parque nuclear actual durante sólo 50 años, con el legado de residuos radioactivos de todo tipo generados a lo largo del ciclo del combustible nuclear. Añadir 1424 nuevos reactores al parque hoy existente de 437, significa disponer de uranio para alimentarlos durante ¡12 años!

A esta realidad cabe añadir la problemática asociada al reprocesamiento del combustible nuclear gastado procedente de los reactores de fisión y a la fabricación de combustible nuclear a partir de óxidos mixtos de uranio y plutonio (MOX). De todo ello se puede concluir que los depósitos de uranio existentes en el planeta no son suficientes para alimentar durante mucho tiempo un programa nuclear de gran alcance.

La centralización de los sistemas energéticos

Otro problema de los sistemas energéticos es el de la su estructura. El sistema energético vigente es un sistema muy centralizado, con pocas instalaciones generadoras de energía y multitud de usuarios finales, enlazados por una red de conducciones o cables. Las cadenas tecnológicas de los combustibles fósiles son enormemente largas. Una cadena tecnológica la forman los sucesivos pasos que se han de cruzar para la transformación de la fuente de energía primaria fósil en energía final disponible para el consumo. Esta enorme longitud hace que, en cada paso se vaya dejando una huella ecológica muy importante: residuos de todo tipo y pérdidas. Estos residuos, en forma de contaminación del aire, del agua y de los suelos, no son otra cosa que un indicador de la poca eficiencia con la que se hacen las correspondientes transformaciones.

La centralización de los sistemas energéticos hace que sean enormemente vulnerables. Se puede poner en evidencia este problema con un claro ejemplo: lo que está ocurriendo con los sistemas eléctricos centralizados. El 14 de agosto de 2003, a las 2 de la tarde, una central térmica (Ohio, EUA, que tenía 31 años de vida) falló. Los operadores de las redes de transporte hicieron todo lo que pudieron para mantener el suministro desde las centrales térmicas situadas en zonas alejadas, cosa que ocasionó una sobrecarga de las líneas. A las 4 y 6 minutos de la tarde, una línea de transmisión de 1.200 MW se fundió, desencadenando un fallo en cascada. Como que no había generación local al alcance, los operadores del sistema fueron incapaces de mantener la tensión y cinco centrales nucleares se desconectaron automáticamente, forzando aún más la necesidad de buscar electricidad en lugares más lejanos, sobrecargando las líneas de transporte. A las 4 y 16 minutos la parte nororiental de los EUA y la provincia de Ontario (Canadá) experimentaron un apagón generalizado.

Este gran apagón era el octavo apagón general en siete años, ocurrido en Norteamérica, sin contar otros apagones más localizados en Nueva York y Chicago. Estos grandes apagones se iniciaron en el año 1996 con el apagón general en 18 estados federales, seguido por la tempestad de hielo del año 1997 en Quebec, que afectó todo el estado de Nueva Inglaterra, y el tornado del año 1998 que golpeó los estados del medio-oeste de los EUA. Posteriormente, fue el fallo del sistema eléctrico en California, en el año 2000, tres tempestades de hielo en Oklahoma y el apagón general de agosto de 2003.

Los sistemas eléctricos centralizados manifiestan problemas más profundos que los repetidos fallos en las líneas de transmisión. Muchas grandes centrales térmicas son considerablemente antiguas (algunas llevan funcionando mas de 25 años), derrochadoras (tienen una eficiencia de conversión de calor en electricidad de sólo un 33%) y sucias (50 veces mas contaminantes que la mejor planta de generación descentralizada hoy existente).

La generación eléctrica centralizada, necesitando las feas, y bien visibles, líneas de transmisión, no reciclan su propio subproducto, el calor, o no extraen energía eléctrica, sin necesidad de quemar ningún tipo de combustible, del calor residual de los procesos industriales y de la energía residual. Todo ello hace que haya dos estrategias para hacer frente al problema de los apagones:

- Gastar miles de millones de euros en nuevas líneas, cosa que no eliminará los apagones, pero puede agravar otros problemas,

- ahorrar dinero apoyando a la energía descentralizada. Ello reduciría enormemente la vulnerabilidad del sistema y proporcionaría otros beneficios.

Hoy, en otras partes del mundo, se presenta la gran oportunidad de poder transformar profundamente los sistemas energéticos centralizados, que hemos heredado del pasado. Pero, ¿seremos capaces de hacerlo? ¿Tendrán el coraje necesario los que toman las decisiones? Y la ciudadanía, ¿tendrá la visión necesaria para empujar a favor del cambio?

Actualmente existe un gran riesgo que los que ponen las bases para hacer la política energética de un país o de un grupo de países, en su afán de responder a los apagones mediante el incentivo de grandes inversiones en sistemas de generación y transporte centralizados, nos conduzcan a una situación de desastre, ya que si por alguna cosa se van caracterizando estos sistemas es por su vulnerabilidad en forma de cada vez más frecuentes apagones generalizados en amplias extensiones de territorios.

Así, en el mes de diciembre de 2003, la entonces comisaria Europea de Energía y Transporte, Loyola de Palacio, hizo pública su propuesta sobre «Infraestructuras y seguridad en el suministro», muy enfocada en grandes inversiones en infraestructuras de transmisión y distribución. Hacía poco tiempo (noviembre de 2003) que la Agencia Internacional de la Energía (AIE) había publicado el *World Energy Investment Outlook*, donde se preveía que las inversiones necesarias en infraestructuras de transporte y distribución para el año 2030 subirían a la cifra de 5.300 millones de dólares (el equivalente a la tercera parte de todas las inversiones en el sector de la energía o a la mitad de las del sector eléctrico).

Lo mínimo que se puede decir de estas propuestas, y diciéndolo de forma educada, es que son inversiones imprudentes. ¿Por qué? Pues porque en ellas no se hace ninguna referencia al papel significativo que puede jugar la generación combinada de calor y electricidad de forma descentralizada o cogeneración descentralizada, en mejorar la seguridad de suministro, minimizando los requerimientos de inversiones masivas de capital.

Las inversiones destinadas a reforzar los sistemas centralizados vigentes son de una gran imprudencia. Hoy no existe ninguna justificación económica, ni de seguridad, ni ecológica para continuar pensando los sistemas energéticos como si nada no hubiese cambiado en los últimos años.

Hoy, el modelo óptimo para asegurar las necesidades energéticas de los próximos 20 años ya no pasa por continuar construyendo grandes centrales térmicas (ni que sean de ciclo combinado) ni por continuar ocupando el territorio con las grandes redes de transporte de energía eléctrica (en corriente alterna) a muy alta tensión. Hoy, el modelo económico y ecológico óptimo pasa por los sistemas energéticos del tamaño apropiado, con la máxima eficiencia posible y cerca de los lugares de consumo. Y cuando se necesite transportar energía entre puntos distantes, utilizar líneas de alta tensión en corriente continua. No hacerlo tendrá unos enormes costes económicos y ecológicos que ahora estamos a tiempo de evitar.

Los sistemas energéticos del siglo XXI

El resultado de la batalla que hoy se libra entre un modelo energético centralizado, caduco, obsoleto, ineficiente, vulnerable, sucio y no renovable y el modelo energético naciente, descentralizado o distribuido, eficiente, seguro, limpio y renovable configurará los sistemas energéticos del siglo XXI.

El reto que las modernas sociedades tienen ante si es como facilitar la consolidación del naciente sistema energético, de manera que vaya sustituyendo progresivamente, pero de forma decidida, el sistema que hemos heredado de los siglos XIX y XX.

Parece claro que el sistema energético del siglo XXI acabará basándose en las fuentes de energía renovable, captándolas de forma descentralizada allí donde se manifiestan, para transformarlas y utilizarlas *in situ*. Las nuevas redes de estos sistemas descentralizados, serán redes múltiples: de electricidad, de calor, de frío, de gas natural biológico o fósil, de hidrogeno, etc. También habrá diferentes sistemas de almacenamiento, distribuidos por las redes, los cuales actuaran acumulando los excedentes, cuando la captación de las fuentes renovables supere las necesidades, o suministrando cuando las necesidades sean superiores a lo que producen las fuentes renovables. Serán unas redes, mas en forma de tela de araña, que unas redes jerarquizadas piramidales. En ellas cada nodo será a la vez generador de energía y usuario de los servicios que la energía proporciona, con lo cual las grandes redes de transporte que han conectado durante el siglo XX las grandes centrales de generación con los centros de consumo alejados de ellas dejarán de tener sentido, y serán sustituidas gradualmente por redes más locales, interconectadas unas con otras, no para depender de la energía de fuera, sino para intercambiarla, o como medida de seguridad para hacer frente a cualquier emergencia (por ejemplo, en el caso de las redes eléctricas en corriente alterna locales, estarán conectadas unas con otras mediante redes de corriente continua, lo que posibilitará lo que se denomina «desenfilado» de las redes actuales: menos redes, menos impactos y menos pérdidas por transporte).

No sólo la generación de energía se realizará con las tecnologías de generación más limpias y las más eficientes disponibles, sino que los usuarios finales de los servicios energéticos utilizarán las tecnologías de uso final más eficientes que haya disponibles en el mercado.

Un ejemplo de las oportunidades que se nos presentan lo tenemos si hacemos un pequeño ejercicio: ver cómo se pueden cubrir las necesidades de servicios eléctricos a toda la población del planeta, en base a que ésta utilice tecnologías de uso final convencionales (a razón de 700 W/cápita) o haga servir tecnologías eficientes (140 W/cápita). En el primer caso se necesitaría generar 37.421 TWh/año, mientras que en el segundo, sólo serían necesarios 7.484 TWh/año para cubrir exactamente las mismas necesidades. La situación real en el mundo era que en el año 2001 se consumían 14.197 TWh (o 266 W/cápita), realidad que abre un enorme potencial de ahorro de energía (o lo que es lo mismo, una enorme necesidad de fabricación de artefactos basados en tecnologías de uso final eficientes, que ni tan sólo son conocidas en muchas partes de nuestro mundo, y que en otros lugares, no se utilizan con la intensidad que sería de desear).

Generar las cantidades de electricidad citadas en el párrafo anterior tendrá impactos muy diferentes dependiendo de las tecnologías de generación que se utilicen. Hacerlo con centrales térmicas de carbón convencionales (800 MW de potencia unitaria), o con centrales térmicas de ciclo combinado de gas (400 MW de potencia unitaria) o con centrales térmicas nucleares (1.000 MW de potencia unitaria) repercutirá de forma diferente sobre la Tierra y su biosfera. Ver en la tabla 1 el número de centrales termoeléctricas de combustibles fósiles o nucleares que serían necesarias para generar las cantidades de energía requeridas para proveer a la población del mundo con servicios eléctricos, según si los servicios fuesen proporcionados mediante tecnologías de uso final convencionales o eficientes. También en la tabla 1 se dan las emisiones anuales de CO_2 asociadas para cada tipo de central térmica de combustibles fósiles y la cantidad de combustible nuclear gastado y plutonio contenido en el combustible gastado, en el caso de centrales térmicas nucleares.

Tabla 1

Comparación de las necesidades de generación eléctrica y las unidades de generación necesarias (centrales térmicas de carbón, centrales térmicas de ciclo combinado de gas y centrales nucleares), las emisiones y los residuos que se generarían, a nivel mundial, según si la población hiciera servir tecnologías de uso final convencionales o eficientes, y unidades necesarias en la situación actual, si toda la energía se generase en un solo tipo de centrales.

	Tecnologías de uso final		
	Convencionales	**Eficientes**	**Actual (año 2001)**
Energía (TWh/año)	37.421	7.484	14.197
Centrales térmicas de carbón (800 MW)			
Número de unidades	6.675	1.335	2.532
CO_2, Mtn	33.080	6.616	12.550
Centrales térmicas de ciclo combinado (gas) (400 MW)			
Número de unidades	13.349	2.670	5.065
CO_2, Mtn	12.910	2.582	4.898
Centrales nucleares (1000 MW)			
Número de unidades	5.340	1.068	2.026
Combustible gastado, tn	133.494	26.699	50.646
Plutonio, tn	1.068	214	405

Fuente: Elaboración propia, a partir de «IEA Energy Statistics – Energy Indicators».

Hacerlo con fuentes de energía renovable no tendría ninguno de estos inconvenientes, ya que las emisiones de CO_2 serían nulas. Y hoy ya puede ser una realidad, como lo demuestran las centrales solares termoeléctricas existentes en el desierto de Mojave, California, o los miles de MW instalados en parques eólicos existentes en numerosas zonas del planeta. Hacerlo con estas tecnologías significaría disponer de superficie suficiente en lugares suficientemente dotados de Sol y de viento. La potencia necesaria a instalar y las superficies requeridas, en uno y otro caso se dan en la tabla 2.

Para tener algún punto de comparación por lo que respecta a las superficies citadas en la tabla 2, sólo cabe saber que en el mundo se destinan a diferentes tipos de cultivos las superficies siguientes: 100.000 km^2 a café, 200.000 km^2 a patatas, 550.000 km^2 a soja, 1.500.000 km^2 a arroz y 2.250.000 km^2 a trigo.

Tabla 2

Comparación de las necesidades de generación eléctrica y necesidades de potencia de generación a instalar (centrales termosolares y parques eólicos) y ocupación superficial, en el mundo, según si la población hiciera servir tecnologías de uso final convencionales o eficientes, y las necesidades actuales si toda la energía se generase en un solo tipo de tecnología.

	Tecnologías de uso final		
	Convencionales	**Eficientes**	**Actual (año 2001)**
Energía (TWh/año)	37.421	7.484	14.197
Centrales solares			
Potencia a instalar (MW)	12.205.120	2.441.024	4.630.457
Ocupación (km^2)	235.559	47.112	
89.112			
Emisiones CO_2 (tn)	0	0	0
Parques eólicos			
Potencia a instalar (MW)	14.239.307	2.847.861	5.402.199
Ocupación (km^2)	142.393	28.479	
54.022			
Emisiones CO_2 (tn)	0	0	0

Fuente: elaboración propia, a partir de 'IEA Energy Statistics – Energy Indicators'.

El transporte de personas y de bienes

Uno de los sectores que más influencia tiene en las emisiones de gases de efecto invernadero es el transporte. En la Europa de los 25 el transporte de personas y mercancías significó, en 2003, 4,4 billones de personas-km y 1,7 billones de tn-km. Ello significó en promedio más de 12.000 km/persona durante el año 2003. Un 74% se realizó mediante vehículos automóviles privados, con un incremento de casi el 2% anual. Circulan por las carreteras europeas más de 212,5 millones de vehículos automóviles y 30,7 millones de vehículos comerciales de transporte, además de más de 700.000 autobuses y más de 25 millones de motocicletas, todo ello accionado por derivados del petróleo. El transporte de personas y bienes por carretera significó un consumo final de 284 Mtep (el consumo final de energía de la Europa de los 25 fue de 1.129 Mtep en el año 2003, del cual 343 Mtep se destinaron a transporte de todo tipo). ¿Puede alimentarse un parque automóvil de estas dimensiones y características con carburantes renovables?

Un aspecto importante cuando se debe utilizar un vehículo equipado con motor que quema alguna clase de carburante, es el tipo de carburante escogido y la eficiencia de la conversión. Hoy, hasta los vehículos convencionales equipados con motores de combustión, pueden utilizar biocarburantes líquidos o gaseosos con pequeñas modificaciones del motor. Es bien conocido el caso de la empresa Volvo, que ya en los años setenta diseñó y construyó unos pocos prototipos de vehículo motorizado (el modelo LC2000), que permitían realizar 50 km por litro de carburante. Y no solamente eso, sino que el motor podía quemar cualquier clase de carburante y cualquier mezcla de carburantes (tanto de origen fósil, como biológico, incluso aceite crudo, como el que se utiliza para cocinar). Hoy, muchas empresas de coches tienen en su catálogo vehículos equipados con sistemas de bicarburación (gasolina-gas natural) o que directamente queman gas comprimido o licuado, lo que permite la utilización de gas natural de origen biológico (el biogás) que se produce siempre que la materia orgánica (basura, excrementos) se descomponga en ausencia de aire (digestión anaerobia). Todo ello abre la vía para recuperar el biogás que se produce en los vertederos, en las depuradoras, en las granjas, etc. cosa que ya se realiza en algunos lugares del mundo. Por otra parte, los vehículos equipados con motores diesel pueden, con pequeñas modificaciones, quemar aceites vegetales crudos y sin modificaciones pueden quemar aceites esterificados. El caso del Centro de Energías Renovables en Dinamarca es conocido, entre otros aspectos, porque sus vehículos hace años que funcionan con aceite crudo de colza.

Hoy, conocidas empresas japonesas han puesto en el mercado coches de accionamiento híbrido (motor de combustión y motor eléctrico), que hacen posible una reducción considerable de las emisiones contaminantes.

Otra tecnología es el motor de hidrogeno. Desde los años 80, unas pocas y pioneras familias norteeuropeas generan hidrógeno (hidrolizando agua con electricidad eólica o solar) y lo queman en vehículos motorizados convencionales debidamente adaptados. Hoy, conocidas empresas alemanas ya comercializan coches y autobuses con motor de combustión que utilizan como carburante hidrógeno. Igualmente, los coches de accionamiento eléctrico con electricidad generada en el mismo coche mediante una pila de combustible (que combina electroquímicamente el hidrógeno y el oxígeno, produciendo electricidad y calor) ya han demostrado su viabilidad técnica y diversas marcas ya han presentado sendos prototipos. Islandia anunció, el año 2002, su conversión a una economía basada en el hidrógeno obtenido del agua mediante electricidad limpia y renovable (geotermia). En estos casos se puede hablar de tecnologías limpias siempre que el hidrógeno se obtenga a partir de agua y con electricidad limpia y renovable, haciendo que el coche se convierta en un vehículo sin emisiones contaminantes.

Pero, por más tecnologías que tengamos al alcance, sólo políticas que incorporen de manera sabia la creación de proximidad y fomenten la autolimitación y los comportamientos sensatos en el uso de vehículos motorizados, harán que algún día podamos manifestar que las sociedades humanas tienen sistemas de accesibilidad, que no movilidad, sostenibles.

Para ver el potencial de un carburante renovable, como son los aceites vegetales (colza, girasol, etc.), veamos el caso de Dinamarca. Actualmente tiene un parque automovilístico de más de 1,9 millones de coches. Suponiendo que dedicara un 25% de su superficie agraria útil al cultivo de la colza (ello representaría 500.000 h) y que cada hectárea plantada con colza produjera 1.000 litros de aceite, podría alimentar un parque de más de 1,5 millones de vehículos si ellos fueran de bajo consumo (por ejemplo, el VW Lupo 3L, que por cada litro consumido permite realizar 33 km de recorrido), o un parque de 750.000 vehículos si fueran de consumo medio (15 km/litro), en ambos casos a razón de 10.000 km/año.

Conclusión

Los ejemplos citados anteriormente no quieren ser un modelo de lo que se debería hacer, simplemente son una cuantificación que ilustra las oportunidades que las sociedades humanas tienen ante sí. Capturar estas oportunidades y beneficiarse de ellas será con toda seguridad el reto de los años venideros. Y aquellas sociedades que lo hagan, seguro que tendrán muchas ventajas respecto a las que no sean capaces de hacerlo.

Con toda seguridad el naciente sistema energético descentralizado, eficiente, limpio y renovable no se impondrá de un día para otro. Habrá un período de transición, más o menos largo dependiendo de la voluntad política que manifiesten los que gestionan la cosa pública. Y esta voluntad sólo se materializará si la ciudadanía ejerce activamente sus responsabilidades energéticas, en un marco donde se le hayan reconocido sus derechos energéticos básicos.

En este período de transición, se emplearán aún combustibles fósiles, pero ello se realizará con la máxima eficiencia posible (tecnologías descentralizadas de generación combinada de electricidad, calor o frío) y con los combustibles fósiles menos sucios (gas natural fósil), mientras se vayan abandonando las grandes centrales térmicas basadas en carbón, petróleo y nucleares.

Los derechos energéticos básicos necesarios para consolidar un sistema energético descentralizado o distribuido, eficiente, seguro, limpio y renovable son:

- El derecho a saber el origen de la energía que cada uno utiliza.
- El derecho a saber los efectos ecológicos y sociales de los sistemas energéticos que hacen posible el suministro de energía a cada usuario final de servicios energéticos.
- El derecho a captar las fuentes de energía que se manifiestan en el lugar donde se vive.

- El derecho a generar su propia energía.
- El derecho de acceso justo a las redes.
- El derecho a introducir a las redes la energía generada *in-situ* y
- El derecho a una remuneración justa por la energía introducida en las redes.

Estos derechos deben ir acompañados de un conjunto de responsabilidades:

- La responsabilidad de informarse.
- La responsabilidad de exigir información.
- La responsabilidad de generar la energía con les tecnologías de generación más eficientes y más limpias disponibles y al alcance.
- La responsabilidad de utilizar las tecnologías de uso final de la energía más eficientes y al alcance.
- La responsabilidad de utilizar la energía generada con sentido común y evitando derroches de todo tipo.
- La responsabilidad de autolimitarse en el uso de cualquier forma de energía.
- La responsabilidad de ser solidario con aquellas sociedades más desfavorecidas por lo que respecta tanto a la generación como al uso final de la energía.

Garantizar estos derechos debería ser una de las tareas a las cuales los gobiernos otorgaran la más absoluta prioridad. Ejercer estas responsabilidades debería ser considerado como el deber primordial de las personas responsables que vivimos en un planeta donde el Sol es la fuente de energía de la cual dependemos. Adecuar los estilos de vida a los flujos de la energía solar (energía solar directa y sus formas indirectas) es un aprendizaje tal, que, cuanto más pronto se vaya realizando, menos costes de todo tipo deberán soportar los humanos para poder ir viviendo en las sociedades que han creado en el marco de este bonito planeta que nos acoge, pues las sociedades humanas siempre han necesitado, necesitan y necesitaran energía para vivir dignamente en el planeta Tierra.

Bibliografía

AA.VV. (2003), *Energías renovables para todos*, Madrid.

AYRES, E. y SCARLOTT, Ch.A. (1952), *Energy Sources: The Wealth of the World*, Library of Congress Catalog Card Number: 51-12558, Nueva York, McGraw-Hill.

BERTELL, R. (1985), *No Immediate Danger: Prognosis for a Radioactive Earth*, Londres, The Women's Press.

BUTTI, K. y PERLIN, J. A. (1981), *Golden Thread: 2500 Years of Solar Architecture and Technology*, Londres, Marion Boyars Publishers Ltd.

CALDICOTT, H. (2002), *The New Nuclear Danget: George W. Bush's Military-Industrial Complex*, Nueva York, The New Press.

CASTEN, T.R. y Collins, M.J. (2002), *Optimizing Future Heat and Power Generation*, WADE – World Alliance for Descentralized Energy.

FLAVIN, Ch. y LENSSEN, N. (1994), *Power Surge: Guide to the Comming Energy Revolution*. Nueva York y Londres, W.W. Norton & Co.

GOFMAN, J.W. y TAMPLIN, A.R. (1979), *Poisoned Power: The Case Against Nuclear Power Plants Before and After Three Mile Island*, Emmaus, PA, Rodale Press.

GRENON, M. (1981), *The Nuclear Apple and the Solar Orange: Alternatives in World Energy*, Oxford, Pergamon Press Ltd.

HUBBARD, A.; Fong, C. (1995), *Community Energy Workbook: A Guide to Building a Sustainable Economy*, Snowmass, CO, Rocky Mountain Institute.

LOVINS, A. et al. (2003), *Small is profitable*, Snowmass, CO, Rocky Mountain Institute.

MAY, J. (1989), *The Greenpeace Book of the Nuclear Age: The Hidden History, The Human Cost,* Londres, Victor Gallancz Ltd.

MEISSONNIER, M. et al. (2001), Uranium appauvri: la guerre invisible, París, Éditions Robert Laffont.

MORRIS, D. (1982), *Self-Reliant Cities: Energy and the Transformation of Urban America*. San Francisco, Sierra Club Books.

— (1983), *Be Your Own Power Company: Selling and Generating Electricity from Home and Small-Scale Systems*, Emmaus, PA, Rodale Press.

MUMFORD, L. (1982), *Técnica y civilización,* Madrid, Alianza.
PATTERSON, W. (1999), *Transforming Electricity: The Coming Generation of Change*, Londres, Earthscan Publ. Ltd.
PERLIN, J. (1999), *From Space to Earth: The Story of Solar Electricity,* Ann Arbor, MI: aatec publications.
PUIG, J. (1981a), «El cicle del combustible nuclear», en Cabré, O. *et al. Catalunya sota el perill de l'urani: l'informe CAMON-I*, , Barcelona, Edicions 62 (Llibres a l'abast, 165).
— (1981b), «La mineria de l'urani i la fabricació de concentrats», en Cabré, O. et al. , *Catalunya sota el perill de l'urani: l'informe CAMON-I,* Barcelona, Edicions 62 (Llibres a l'abast, 165)
— (1986), «La tecnologia nuclear: una fita en el camí cap al control de les comunitats», en Medina, M. (ed.), *Noves tecnologies: risc i alternatives*, Barcelona, Publicacions de la Fundació Jaume Bofia-Edicions de la Magrana.
PUIG. J; y COROMINAS, J. (1990), *La ruta de la energía*, Barcelona, Editorial Anthropos.
PUIG, J. (2001), «L'energia a les ciutats: una reflexió i una guia d'acció», *Papers de Sostenibilitat* (Barcelona), 4 (diciembre de 2001), 1–39.
SCHEER, H. (1993), *Estrategia solar: Para el acuerdo pacífico con la Naturaleza*, Barcelona, Círculo de Lectores.
— (2000), *Economia solar global: estrategias para la modernidad ecológica*, Barcelona, Galaxia Gutenberg/Círculo de Lectores.

Webs de interés:
- www.antenna.nl/wise
- www.energiasostenible.org
- www.localpower.org
- www.rmi.org
- www.ucsusa.org
- www.worldwatch.org

V. EL HOMBRE DEL HIDROCARBURO Y EL OCASO DE LA ERA DEL PETRÓLEO

Mariano Marzo Carpio

La idea de que nuestra sociedad debe reemplazar los combustibles fósiles (carbón, gas y petróleo) por otras fuentes energéticas más limpias goza de una gran aceptación entre la opinión publica. Esta popularidad constituye un campo abonado para la demagogia de políticos y el oportunismo especulativo de determinados sectores financieros que continuamente pregonan la necesidad de invertir dinero y esfuerzo tecnológico en el desarrollo de fuentes energéticas alternativas. Como resultado del bombardeo mediático, existe una amplia percepción social de que el cambio mencionado se reduce a una simple cuestión de voluntad política y capacitación técnica. Pocos avisan que la sustitución de los combustibles fósiles requiere la revisión de nuestro actual modelo socioeconómico basado en la aceptación del dogma del crecimiento económico exponencial e ilimitado. Y este «descuido», voluntario o involuntario, tiene múltiples consecuencias. Entre ellas el desbordamiento ideológico de la izquierda y no pocos movimientos ecologistas ante el imprevisto renacimiento de la energía nuclear. Quizás, en su intento de ofrecer una imagen amable, alejándose de las fáciles pero temibles descalificaciones de anticapitalistas y antisistema, omitieron hacer hincapié en que el despliegue de las energías alternativas debe acompañarse de profundas transformaciones sociales, económicas y culturales. En definitiva, que dicho despliegue es una condición necesaria pero no suficiente.

En este contexto, este artículo pretende destacar que avanzar hacia la concreción de un ideal requiere de un realismo extremo a la hora de formular correctamente la naturaleza, alcance y ramificaciones del problema que se pretende resolver. Y, en este sentido, resulta fundamental conocer que hoy en día algo más del 80% de la energía primaria consumida en el mundo procede de combustibles fósiles. Nadie duda del potencial de crecimiento de las energías renovables en los países industrializados. Sin embargo, como a continuación se detalla, las previsiones «oficiales» apuntan a que hacia 2030 los combustibles fósiles podrían representar cerca del 82% del total de la energía primaria que el mundo consumirá. Si no se concreta una rápida y espectacular revolución tecnológica, o un cambio de modelo socioeconómico y energético, la cantidad total de carbón, petróleo y gas utilizada podría incrementarse en términos absolutos respecto a los niveles actuales, con su consiguiente impacto sobre el calentamiento global del planeta. Eso si el «Titanic» de la globalización no choca con dos icebergs que empiezan a perfilarse con claridad en el horizonte: el cambio climático y el ocaso de la era del petróleo.

¿A dónde nos conduce la actual rutina energética?

Existen diversas fuentes de información a propósito de la previsión a medio plazo del crecimiento de la demanda y consumo mundial de energía primaria. Entre éstas destacan los informes publicados por la Agencia Internacional de la Energía («*World Energy Outlook, 2004*») y por el Departamento de Energía del Gobierno de los Estados Unidos («*International Energy Outlook, 2005*»). El primero extiende sus previsiones hasta el año 2030 y el segundo hasta 2025. En este trabajo, por razones de espacio y simplicidad, comentaremos exclusivamente las conclusiones contenidas en el «escenario de referencia» de la Agencia Internacional de la Energía (AIE).

Recuerden que la AIE, con sede en París, es un organismo autónomo, fundado en 1974 (como consecuencia del «*shock*» petrolero de 1973) dentro del marco de la Organización para la Cooperación y Desarrollo Económico (OCDE). Su objetivo es diseñar y llevar a la práctica un programa energético internacional. La AIE está integrada por los siguientes 26 países: Alemania, Australia, Austria, Bélgica, Canadá, Corea del Sur, República Checa, Dinamarca, España, Estados Unidos de América, Finlandia, Francia,

Grecia, Hungría, Irlanda, Italia, Japón, Luxemburgo, Países Bajos, Nueva Zelanda, Noruega, Portugal, Reino Unido, Suecia, Suiza y Turquía. La Comisión Europea también participa en los trabajos de la AIE. La OCDE, fundada en 1960, está integrada por los veintiséis países citados, más Eslovaquia, Islandia, México y Polonia. En las páginas que siguen también encontraran repetidas referencias a las denominadas «economías en transición». Dicho término engloba a un conjunto de países que se encontraban bajo la órbita de la antigua URSS: Albania, Armenia, Azerbaiyán, Bielorrusia, Bosnia-Herzegovina, Bulgaria, Croacia, Eslovaquia, Eslovenia, Estonia, Georgia, Kazajstán, Kirguizistán, Letonia, Lituania, Macedonia, Moldavia, Rumania, Rusia, Tayikistán, Turkmenistán, Ucrania, Uzbekistán y Yugoslavia. Por razones estadísticas, también se incluyen en este grupo a Chipre, Gibraltar y Malta.

Las proyecciones de la AIE se basan en un conjunto de hipótesis sobre políticas gubernamentales, condiciones macroeconómicas, crecimiento demográfico, precios de los combustibles fósiles y desarrollo tecnológico. Tales proyecciones deben tomarse como una aproximación que sólo resulta valida si los gobiernos no toman rumbos diferentes, para bien o para mal, al marcado por los compromisos internacionales adquiridos en estos momentos. En este sentido, por ejemplo, se supone que las políticas energéticas adoptadas en la Conferencia de Kioto de diciembre de 1997 seguirán vigentes y que no se adoptarán nuevas políticas para reducir los gases producidos por el efecto invernadero.

El crecimiento económico es probablemente el factor que más incide en la demanda energética. La AIE asume que durante el período de tiempo considerado (2002-2030) el Producto Interior Bruto mundial crecerá a un promedio del 3,2% anual, lo que constituye una cifra relativamente modesta en comparación con lo acontecido en las últimas décadas. Por lo que respecta al crecimiento demográfico, la AIE considera un aumento de la población mundial que va de los cerca de 6.200 millones de habitantes de 2002 a algo más de 8.000 millones en 2030. Hipotéticamente, el precio promedio del barril de petróleo importado (expresado en dólares de 2000) debía situarse en torno a los 22 dólares en 2006 (una previsión muy lejana a la realidad), manteniéndose en torno a este valor hasta 2010, para luego incrementarse gradualmente hasta alcanzar los 29 dólares en 2030. El precio del gas natural evolucionaría en paralelo al del petróleo, mientras que el del carbón se mantendría prácticamente sin cambios hasta 2010, para después iniciar un suave ascenso hasta 2030.

Los cambios tecnológicos y de política de los gobiernos, constituyen, junto a las hipótesis formuladas sobre las condiciones macroeconómicas y los precios de los combustibles fósiles, los principales elementos de incertidumbre en el «escenario de referencia» de la AIE. Ambos factores, el tecnológico y el político, afectarán tanto a la demanda de servicios energéticos como a la tasa de inversión en infraestructuras de suministro. Obviamente, estas incertidumbres se acentúan a medida que nos alejamos del presente, acercándonos al horizonte de 2030.

Por lo que respecta al desarrollo tecnológico, la AIE piensa que durante el período considerado se producirán avances tecnológicos, pero que éstos serán incrementales más que revolucionarios. Durante las próximas tres décadas algunas tecnologías hoy existentes se comercializarán a gran escala y se asistirá a una evolución gradual hacia el empleo de tecnologías menos contaminantes, particularmente de aquellas basadas en la utilización de energías renovables para la generación eléctrica. Pudiera ser que de aquí a 2030 se produjeran avances espectaculares en algunos campos, como en la comercialización del hidrógeno o la puesta a punto de la tecnología de fusión para usos civiles, pero predecir el momento en que esto ocurriría y su magnitud es imposible. Sin duda, los gobiernos pueden jugar un papel clave en el desarrollo de dichas tecnologías, propiciando e impulsando los programas de investigación y desarrollo en materia energética.

La AIE pronostica en su informe que durante el período 2002-2030 la demanda global de energía primaria se incrementará en un 60%, creciendo anualmente a un ritmo del 1,7%, hasta alcanzar la cifra de 16.500 millones de toneladas equivalentes de petróleo (tep). De estas cifras, conviene resaltar que la tasa de crecimiento citada es inferior al 2% anual de las tres últimas décadas y que el incremento previsto totalizará cerca de 6.142 millones de tep, lo que equivale a dos tercios de la demanda actual.

Más del 60% del aumento de la demanda mundial de energía primaría provendrá de los países en desarrollo. Los países de la OCDE totalizarán el 26% y las «economías en transición» el 8%. La porción de la demanda mundial correspondiente a la OCDE disminuirá desde el 52% actual al 43% de 2030, mientras que la de los países en desarrollo se incrementará del 37% al 48%. El porcentaje correspondiente a las «economías en transición» decrecerá ligeramente del 10% al 9%.

Dentro de este panorama, los hidrocarburos (petróleo, gas y carbón) totalizarán cerca del 85% del incremento previsto hasta 2030 en la demanda mundial de energía primaria. Sin embargo, su porcentaje sobre el total sólo aumentará ligeramente, de un 80% en 2002 hasta un 82% en 2030.

El petróleo seguirá siendo el hidrocarburo más utilizado, a pesar de que su porcentaje sobre el total de la demanda descenderá ligeramente del 36% al 35%. Se prevé que su demanda crezca anualmente un 1,6%, de los 77 millones de barriles diarios (Mb/d) de 2002, a 90 Mb/d en 2010 y 121 Mb/d en 2030.

Del incremento de 44 Mb/d previstos entre 2002 y 2030, las regiones en desarrollo contabilizarán casi dos tercios. El incremento de la demanda de petróleo de los países asiáticos totalizarán 18 Mb/d, con China absorbiendo ella sola casi la mitad de esta cifra. El consumo de petróleo en América del Norte también crecerá con fuerza, de 22,6 Mb/d en 2002 hasta cerca de 31 Mb/d en 2030. La demanda en otros países de la OCDE se incrementará sólo modestamente. América del Norte seguirá siendo, de lejos, el mayor mercado para el petróleo.

Dos terceras partes del incremento de la demanda mundial de petróleo provendrán del sector del transporte ya que no se prevé que ningún otro combustible alternativo pueda, de aquí a 2030, desafiar seriamente el uso de los derivados del petróleo. Se estima que en 2030, el transporte absorberá el 54% del consumo total de petróleo, frente al 47% actual y el 33% en 1971. Esta fuente de energía primaria permanecerá como un combustible marginal en la generación eléctrica, ya que el declive en su utilización en los países de la OCDE será superior al pequeño aumento que experimentará en los países en desarrollo. Previsiblemente, los sectores industrial, residencial y comercial tan sólo incrementarán ligeramente su consumo de petróleo. La mayor parte de éste tendrá lugar en los países en vías de desarrollo, en los que el gas natural todavía no será un serio competidor en los procesos industriales ni para el calentamiento del agua y de los hogares.

La demanda de gas crecerá más rápidamente que la de cualquier otro combustible, con la excepción de las fuentes energéticas renovables no hidráulicas. Con un crecimiento anual del 2,3%, en 2030 el consumo de gas será un 90% superior al actual y poco después de 2010 habrá sustituido al carbón como segunda fuente de energía primaria mundial. Su porcentaje sobre el total de la energía primaria consumida en el mundo pasará de un 21% en 2002 a un 25% en 2030.

Este ascenso en la demanda de gas tendrá lugar en todas las regiones. En términos de volumen, el crecimiento será encabezado por América del Norte, seguida por los países europeos de la OCDE. En términos de tasas de crecimiento, las mayores serán las de China y Sur de Asia, donde el actual consumo de gas es muy bajo.

En las próximas tres décadas las nuevas plantas de generación eléctrica, especialmente las de ciclo combinado, representarán cerca del 60% del incremento en la demanda de gas. Esta forma de generación resulta más eficiente e implica menos costes de capital que las basadas en tecnologías nucleares o del carbón. Además, el gas presenta la ventaja sobre el carbón y el petróleo de un impacto ambiental más benigno por su menor contenido en carbono. Un porcentaje pequeño, pero creciente, de la demanda de gas provendrá de las plantas de transformación gas-líquidos y de las células de combustible para la extracción de hidrógeno.

La demanda de carbón aumentará a un ritmo de un 1,5% anual, pero su porcentaje sobre el total de la energía primaria consumida en el mundo descenderá un poco, de un 23% en 2002 a un 22% en 2030.

China e India, que disponen de grandes recursos a bajo precio, totalizarán casi las tres cuartas partes del alza de la demanda de carbón en los países en desarrollo y dos tercios del incremento a escala mundial. Para 2030, China e India contabilizarán el 45% de la demanda global, frente al 35% de 2002. En estos dos países, el consumo de carbón seguirá ocupando el primer lugar entre todas las fuentes de energía primaria, aunque su porcentaje relativo disminuirá ligeramente. En las «economías en transición» y en los países en desarrollo, los sectores industrial, residencial y comercial quemarán más carbón, pero la mayor parte del aumento de la demanda será para la generación eléctrica.

¿Kioto, un paso adelante?

Las previsiones de la AIE expuestas en los párrafos precedentes no deben tomarse como una predestinación. Más bien como un aviso de hacia donde nos conduce la rutina actual en materia de políticas gubernamentales, condicionantes macroeconómicos, crecimiento demográfico y desarrollo tecnológico. Al margen de posibles errores en ciertas suposiciones de partida (por ejemplo, el actual precio del crudo cuadruplica el inicialmente previsto, lo que puede comportar un notable descenso de la demanda), tal rutina podría verse seriamente alterada por las decisiones políticas derivadas de las respuestas que la ciencia dé a dos cuestiones fundamentales: ¿cuándo se alcanzará el cenit en la extracción mundial de petróleo (o *peak oil*)? y ¿cuál es la magnitud del impacto sobre el clima terrestre inducido por la combustión acelerada de los combustibles fósiles? La primera cuestión será analizada con detenimiento en el siguiente apartado. Respecto a la segunda, no entraremos en muchos detalles, aunque el impacto negativo de las emisiones de CO_2 procedentes de la quema de combustibles fósiles sobre el calentamiento global es ya una hipótesis ampliamente aceptada en los foros internacionales, de forma que para la mayoría de los científicos las cuestiones clave a responder en estos momentos son la magnitud y rapidez del cambio climático que se avecina.

En cualquier caso, hay que reseñar que las proyecciones de aumento de la demanda mundial de hidrocarburos planteadas en el «escenario de referencia» de la AIE implicarían un aumento del 1,7% anual de las emisiones globales de dióxido de carbono a la atmósfera. Éstas alcanzarían los 38.000 millones de toneladas en 2030. Es decir, 15.000 millones más respecto a los niveles de 2002, lo que significa un aumento del 62%.

Según el informe citado, durante el período 2002-2030, la estructura geográfica de las nuevas emisiones cambiará drásticamente. Históricamente, los países de la OCDE han sido los principales emisores de gases de efecto invernadero a la atmósfera, de forma que en 2002 totalizaron un 54% del total de las emisiones mundiales. En dicha fecha, los países en desarrollo contribuyeron con un 36% y las «economías en transición» con el 10% restante. Por el contrario, en 2030, los países en desarrollo totalizarán el 49% del total de las emisiones globales, lo que equivale a más de dos tercios del incremento previsto, mientras que los países de la OCDE y las «economías en transición» aportaran el 42% y el 9%, respectivamente. Entre 2002 y 2030, sólo las emisiones de China aumentarán en 3.837 millones de toneladas, lo que significa más de un cuarto del incremento global. Durante el mismo período, la generación eléctrica aportará casi la mitad de las emisiones globales de CO_2 (7.300 millones de toneladas). El transporte, con 3.800 millones, contribuirá con cerca de una cuarta parte y el resto se lo repartirán los sectores residencial, comercial e industrial.

El abrupto incremento de las emisiones de dióxido de carbono tiene especial relevancia sobre los compromisos adoptados por muchos países desarrollados en el marco del Protocolo de Kioto. En particular, merece la pena destacar que en 2010, el incremento de las emisiones de CO_2 previsto para los países europeos de la OCDE será un 9% superior a los objetivos fijados en el citado protocolo. Si se contabilizan todos los países de la OCDE comprometidos con el acuerdo, este porcentaje crece al 30%, lo que significa exceder los objetivos en 12.500 millones de toneladas. Este exceso deberá ser objeto de intercambio comercial con otros países cuyas emisiones no alcancen las cifras acordadas en el Protocolo. Por ejemplo, con las «economías en transición» que se sitúan un 25% por debajo de sus objetivos.

A la vista de todos estos datos no cabe duda de que la aplicación de los acuerdos del Protocolo de Kioto constituye un significativo paso adelante. Lo malo es que al enmarcar dichos acuerdos en el modelo energético previsto para el futuro, resulta evidente que tal paso adelante tiene lugar en una cinta transportadora que se mueve a toda velocidad en sentido contrario, alejándonos del punto adonde queremos llegar.

¿Es sostenible el ritmo actual de consumo de petróleo?

La importancia del petróleo en nuestro modelo socioeconómico es incuestionable. Este hidrocarburo representa cerca del 36% del total de la demanda mundial de energía primaria, constituyendo un elemento fundamental en casi todas las actividades importantes de la vida moderna. El 95% del transporte terrestre, aéreo y marítimo, o lo que es lo mismo, el desplazamiento eficaz de materias primas y mercancías, así como la movilidad humana, depende del petróleo. Algo similar ocurre con la producción de alimentos, que necesita de los derivados de este compuesto químico como combustible para la maquinaria agrícola y para la fabricación de fertilizantes, herbicidas y pesticidas. Además, el petróleo suministra productos de calefacción y constituye la materia prima para la manufactura de más de 3.000 productos de uso cotidiano, entre los que se encuentran los plásticos y las medicinas

Ciertamente, en la actualidad no existe otra fuente de energía que pueda competir en versatilidad, ventajas y bajo precio con el petróleo. En los albores del siglo XXI, la disponibilidad de petróleo abundante y barato sigue siendo un pilar básico para el desarrollo socioeconómico de los estados. Como viene sucediendo desde hace al menos cinco generaciones, asegurarse el abastecimiento y el acceso privilegiado a esta materia prima constituye una poderosa razón de estado. Para cualquier gran Estado moderno, hablar de geopolítica resulta casi sinónimo de políticas relacionadas con el petróleo.

En los últimos cincuenta años, como consecuencia de la expansión industrial y el rápido incremento demográfico, la demanda global de petróleo se ha multiplicado por siete. En la actualidad el mundo consume alrededor de 85 millones de barriles diarios (Mb/d) o, si lo prefieren, 157.000 litros por segundo y, como se ha comentado, se prevé que la demanda crezca anualmente un 1,6% de promedio, alcanzando los 121 Mb/d en 2030, con los países en desarrollo contabilizarán casi dos tercios del incremento previsto. Como el centro de gravedad del consumo se desplaza a estos últimos países, resulta que las predicciones apuntadas son incluso válidas en el caso de que los países industrializados adopten severas medidas de protección medioambiental y se avance significativamente en la mejora de la eficiencia energética. De hecho, si tales países no cubren estos dos últimos objetivos, el crecimiento de la demanda podría ser aún mayor. Un simple dato puede hacernos comprender mejor la magnitud del desafío que el sector del transporte plantea a la industria del petróleo: en los próximos diez años el parque automovilístico asiático crecerá a una media de 5 millones de vehículos por año, lo que representará el 40% de total del crecimiento del parque mundial. Éste pasará de los 750 millones actuales a cerca de 875 millones, es decir, más del doble de los 400 millones existentes hace veinte años.

¿En qué situación de partida se encuentra la industria petrolera para hacer frente al desafío planteado por el crecimiento de la demanda? Aunque las opiniones difieren considerablemente en algunas cuestiones clave que más adelante comentaremos (como el de los recursos y reservas disponibles), en general existe un cierto consenso sobre dos puntos.

El primero de ellos es que la adición de reservas por el descubrimiento de nuevos yacimientos ha descendido en los últimos cuarenta años. A pesar de la intensa actividad exploratoria y del empleo de una tecnología muy avanzada, encontrar nuevos campos se ha convertido en una tarea cada vez más complicada y los que se encuentran son más pequeños y de peor calidad.

Durante los años dorados de la exploración, inmediatamente después de la Segunda Guerra Mundial, encontrar yacimientos gigantes era casi una rutina. Sin embargo, tras alcanzar un máximo a mediados de la década de los sesenta, la adición de reservas mediante nuevos descubrimientos ha caído de forma irregular pero sistemática (véase gráfico en p. 220). En los últimos cien años, la comparación de la curvas de crecimiento global de la demanda con la del volumen de los descubrimientos revela un dato significativo: desde la década de los ochenta, la curva de adición de nuevas reservas permanece por debajo de la de la demanda, aunque el área englobada por la primera es todavía dos veces mayor que la delimitada por la segunda. Desde 1986, con la única excepción de 1991, año tras año se ha extraído más petróleo del que se descubría, al mismo tiempo que la demanda crecía inexorablemente, de forma que hace ya veinte años que estamos viviendo de las rentas del pasado y, en la actualidad, por cada barril de petróleo descubierto consumimos cuatro.

Además, los costes para hallar y desarrollar nuevas reservas se están disparando. En la primera mitad de los noventa, debido sobre todo a la introducción simultánea de un amplio abanico de nuevas tecnologías, dichos costes experimentaron un descenso continuado, tocando fondo en 1997 con un precio de 3,5 dólares por cada barril de petróleo. Sin embargo, desde entonces, los costes se han incrementado en un 15% por año y en 2004 rondaron ya los ocho dólares. Esta tendencia no resulta sorprendente si se tiene en cuenta que cada vez se explora en regiones más remotas, bajo condiciones más adversas y los objetivos son más pequeños y menos prolíficos.

Hacer frente a una demanda creciente

Los más optimistas pueden argumentar que estas dificultades son pasajeras y que el precio del barril aumentará en el futuro lo suficiente para posibilitar una mayor inversión en exploración, lo que se traducirá en más descubrimientos. Sin embargo, la comparación histórica entre las curvas de precios y hallazgos no evidencia una relación directa. Muchos de los «descubrimientos del siglo» se realizaron en momentos en que los precios del barril eran mucho más bajos que los actuales y, a largo plazo, los ciclos de descubrimiento muestran una escasa correlación con los correspondientes a los precios. Contrariamente a lo que pueda pensarse, desde una perspectiva histórica, no son los precios los que han controlado el volumen e importancia de los hallazgos, sino las mejoras tecnológicas y los acontecimientos geopolíticos que han permitido el acceso a nuevas áreas. Lo acontecido en el Caspio y África del Oeste, así como los actuales esfuerzos por «democratizar» Oriente Medio a cualquier precio, resultan significativos al respecto.

El segundo punto de consenso es que ante la incapacidad de promover un «relevo generacional», es decir, de ir reemplazando con nuevos descubrimientos lo extraído de campos relativamente viejos, muchos de los yacimientos en explotación han entrado, o entraran pronto, en fase de declive.

La experiencia adquirida en miles de campos de petróleo no deja lugar a dudas. Ésta muestra que la tasa de extracción se ajusta a un patrón, conocido con el nombre de curva de Hubbert (un geofísico estadounidense que en 1956 predijo con éxito, utilizando dicha curva, que la extracción en los Estados Unidos, en aquellos momentos la primera del mundo, entraría en declive en 1970). La curva asume que al principio de la explotación y durante un cierto tiempo el crudo fluye con facilidad, de manera que la tasa de extracción crece de manera sostenida. Sin embargo, una vez que se ha bombeado aproximadamente la mitad del petróleo recuperable (entre un 30-40% del volumen total que impregna los espacios porosos de las rocas que lo albergan) la tasa de extracción entra en una fase de declive irreversible.

Una demanda creciente, puede aconsejar, especialmente si los precios del crudo en el mercado son altos, someter a los campos a prácticas de recuperación intensiva para aumentar la extracción. Sin embargo, esta decisión tiene como resultado una anticipación de la fecha de declive, lo que impide mantener de forma sostenida el nivel de extracción. Los avances técnicos introducidos en la explotación de los yacimientos mejoran las tasas de extracción pero a costa de agotarlos más rápidamente.

Según un informe de la consultora PFC, la situación de declive que afrontan muchos de los principales países «productores» de crudo es alarmante. Por lo que se refiere a crudos convencionales, de los once países de la OPEP, Indonesia habría sobrepasado ya el punto de declive, mientras que Argelia, Irán, Nigeria y Qatar, no estarían lejos. Otra consultora, Douglas-Westwood, señala que cincuenta y dos de los noventa y nueve países que en la actualidad extraen cantidades importantes de petróleo han alcanzado hace años el punto de máxima extracción y que otros diez y seis lo estarían pasando en estos momentos o lo harán pronto.

Un simple dato adicional puede darnos una idea cabal de la seriedad del problema: el «escenario de referencia» de la AIE asume que la tasa de descenso anual de la extracción por el fenómeno descrito varía entre un 5% y un 11%, dependiendo de la región considerada.

Considerando el crecimiento de la demanda previsto, el descenso en la extracción por envejecimiento de los campos y que los descubrimientos no reponen el crudo bombeado, la AIE reconoce que la capacidad extractora existente en la actualidad a duras penas puede ya hacer frente a la demanda y que este desajuste se agravará en el futuro. De hecho la AIE advierte que la práctica totalidad del crudo que deberá cubrir la demanda mundial en 2030 no está todavía a punto para su extracción. Otros analistas van más allá y afirman que esta situación implica alrededor del 80% del petróleo que será necesario extraer para cubrir la demanda de 2015.

¿Cómo puede solventarse esta situación? La AIE plantea la urgencia de proceder a un incremento inmediato de la capacidad mundial de extracción en base a cuatro conceptos: 1) el desarrollo intensivo de reservas conocidas pero que por diferentes motivos (técnicos, económicos o políticos) no han sido comercializadas todavía, 2) mejoras técnicas que faciliten una mayor tasa de recuperación del hidrocarburo de los yacimientos, 3) una creciente contribución de los denominados petróleos no convencionales, como las arenas asfálticas de Canadá y los petróleos pesados de Venezuela, y 4) la aportación proveniente de nuevos descubrimientos.

La AIE asume que la extracción en los países que no son miembros de la OPEP alcanzará su cenit en 2010 y que a partir de ese momento entrará en un lento declive. A medio plazo, los únicos países que pueden experimentar un auge significativo en su capacidad de extracción de crudo son Rusia, Kazajstán, Azerbaiyán, Brasil y Angola. En el caso de Rusia, las previsiones son pasar de 7 a 8,6 Mb/d en el período 2001-2010, para continuar en ascenso hasta 2030. Sin embargo, esto no será posible sin enormes inversiones en el desarrollo de los campos y en la construcción de oleoductos. Análogamente, aumentar la extracción en la región del Caspio requerirá construir nuevos oleoductos, lo que demanda acuerdos de financiación y de tránsito que todavía están por concretar. Suponiendo que tales líneas de exportación se construyan, la extracción combinada de Kazajstán y Azerbaiyán podría pasar de 1,1 Mb/d en 2001 a más de 3,5 Mb/d en 2010. Aumentar la extracción de crudo de los importantes campos marinos de Brasil y Angola implica el despliegue de tecnologías avanzadas para la explotación en aguas profundas y la existencia de un régimen estable de regulaciones e impuestos en ambos países.

Según la AIE, un reducido número de países de la OPEP deberán cargar sobre sus espaldas la responsabilidad de cubrir el déficit que existirá entre los volúmenes extraídos desde fuera de la OPEP y la demanda global. La lista incluye Arabia Saudita, Irán, Iraq, Kuwait, la Unión de Emiratos Árabes, Nigeria y Venezuela. Estos países deberán incrementar su extracción de 28 Mb/d en 2002 a 33 Mb/d en 2010, para alcanzar los 65 Mb/d en 2030 (¡un incremento de más del 100% respecto a los niveles actuales!).

En gran medida, el desarrollo por parte de los países de la OPEP de la nueva capacidad de extracción requerida dependerá de que dichos países encuentren el capital necesario. A priori, esto no parece una tarea difícil, sobre todo si se comparan los actuales precios del barril con el hecho de que el coste total de desarrollar nuevos suministros en Oriente Medio es el más bajo del mundo, situándose en torno a los cuatro dólares por barril. Sin embargo, a nadie se le escapa que las políticas de precios y de cuotas de la OPEP son cuestiones muy inciertas, que los riesgos políticos para invertir en Oriente Medio son altos y que, además, no esta claro que todos los países decidan abrirse a tiempo a la inversión financiera y tecnológica procedente del exterior.

Durante el período 2003-2030, la AIE calcula que la inversión necesaria para poner a punto la nueva capacidad de extracción que la demanda global requiere asciende a tres billones de dólares (105.000 millones por año). Concretar esta inversión constituye un punto clave para asegurar el futuro suministro mundial de crudo.

En los grandes países consumidores, la ampliación de la brecha entre extracción propia y demanda acarreará un considerable aumento del comercio internacional del petróleo. Todos los países y regiones que hoy en día son importadores netos, serán más dependientes al final del período considerado, tanto en términos absolutos como porcentuales.

El informe de la AIE destaca que este incremento será particularmente dramático en el caso de Asia, especialmente en China, un importador neto desde 1993 y que en 2030 necesitará importar cerca del 74% de su demanda, es decir, unos 10 Mb/d, lo que equivale a un volumen similar a las actuales importaciones de los EE UU La dependencia de las importaciones de los países europeos de la OCDE crecerá del 54% al 86%, mientras que la de los países del Pacífico encuadrados en la OCDE llegará al 95%. El aumento de la producción en México y de petróleos no convencionales en Canadá, ayudaran a moderar el aumento de las importaciones en América del Norte, cuya dependencia del exterior pasará de un 36% al 55%. En conjunto, en 2030, los países de la OCDE importarán el 85% de sus necesidades de petróleo, lo que contrasta con la cifra del 63% en 2002.

Oriente Medio será la región que experimentará un mayor auge en el volumen de las exportaciones, pasando de 19 Mb/d en 2000 a 46 Mb/d en 2030. El destino final del grueso de tales exportaciones será Asia, con China e India emergiendo como grandes mercados. Las exportaciones provenientes de África, América Latina y de los países con economías en transición (Rusia en especial), también crecerán, pero menos espectacularmente.

Sin duda, la comentada expansión del comercio del petróleo aumentará el riesgo de interrupciones del suministro, no sólo por la crónica inestabilidad geopolítica de las regiones exportadoras, sino porque para alcanzar los mercados el crudo debe atravesar algunos «cuellos de botella» especialmente peligrosos. Actualmente, los estrechos de Ormuz, en el Golfo Pérsico, y de Malaca, en Asia, canalizan 26 Mb/d y las previsiones apuntan a que en 2030 este tráfico habrá aumentado más de un 100%. Cualquier interrupción del flujo de crudo en estos puntos tendría, por tanto, un severo impacto sobre los mercados del petróleo.

Recursos y reservas: baile de estimaciones

Hasta aquí hemos dado por sentado que no existirán limitaciones en cuanto a recursos y reservas para hacer frente al crecimiento futuro de la demanda, pero ¿es eso realmente cierto?

Los hidrocarburos albergados en el subsuelo de la corteza terrestre pueden catalogarse en función del grado de certeza que tenemos sobre su existencia y la probabilidad de que puedan ser extraídos de manera rentable, asumiendo una serie de hipótesis de partida sobre costes, geología, tecnología, mercado y precios futuros. Los hidrocarburos descubiertos, para los que existe una probabilidad mínima del 90% de que su extracción y comercialización resulte rentable son las llamadas «reservas probadas». El término «reservas probables» incluye volúmenes de hidrocarburos en yacimientos descubiertos que tienen una probabilidad mínima de comercialización del 50%. Las «reservas posibles» son volúmenes descubiertos con una probabilidad de comercialización superior o igual al 10%. Las reclasificaciones de un tipo de reserva a otro son frecuentes, en la medida que el conocimiento sobre las características técnicas del yacimiento mejora y los avances tecnológicos y las condiciones del mercado evolucionan.

Las estimaciones de reservas dan una idea de qué capacidad de extracción puede ser desarrollada a corto o medio plazo. Sin embargo, no son un buen indicador de cuánto petróleo queda por extraer y del potencial para aumentar la capacidad extractiva a largo plazo. Para este último propósito suele utilizarse el término de «recursos finales recuperables». La categoría de «recursos» incluye las reservas probadas, probables y posibles de campos descubiertos, así como los hidrocarburos que todavía quedan por descubrir.

Las proyecciones de la AIE expuestas con anterioridad toman como punto de partida las estimaciones de recursos y reservas publicadas en 2000 por el Servicio Geológico de los Estados Unidos. Este organismo estima que la cantidad total de recursos convencionales de petróleo que finalmente podrán ser extraídos del subsuelo rondará los 3,3 billones de barriles. Esta cifra combina cuatro sumandos: la cantidad ya extraída (que en 1996 totalizaba 717.000 millones de barriles), las reservas ya descubiertas que todavía están por explotar (959.000 millones), los volúmenes aún no descubiertos que podrán ser recuperados (una media de 939.000 millones), y la cantidad adicional de reservas que se espera obtener de los actuales yacimientos mediante mejoras de las técnicas de extracción (una media de 730.000 millones). Esto significaría que la cantidad de recursos de petróleo convencional recuperable en el futuro asciende a unos 2,6 billones de barriles. A éstos habría que añadir los recursos no convencionales de Venezuela y Canadá que algunos estiman en 580.000 millones de barriles recuperables (más que las reservas probadas de crudo convencional atesoradas en el subsuelo de Oriente Medio).

Sin embargo, la cifra de 3,3 billones mencionada arriba supera en más de un billón de barriles al promedio de 65 estimaciones realizadas desde 1942, lo que evidencia que muchos otros analistas se muestran más pesimistas La mayoría de estos calculan la cantidad final de petróleo recuperable del planeta en una cifra inferior a 2,4 billones de barriles. Dentro de este último grupo, Campbell y Laherrère sostienen que los trabajos de exploración han descubierto ya cerca del 90% del total de los 1,8 billones de barriles susceptibles de ser recuperados de la corteza terrestre. Estos autores sitúan las reservas probadas mundiales en 850.000 millones de barriles y asumen que los nuevos descubrimientos y las mejoras de las técnicas de extracción no serán capaces de añadir más de 150.000 millones de barriles, por lo que la cantidad total de crudo que podremos extraer en el futuro será de un billón de barriles, una cifra cercana a los 900.000 extraídos hasta finales de 2003.

Estas discrepancias pueden entenderse, en parte, si consideramos que las mayores diferencias se producen en las categorías de volúmenes por descubrir y los resultantes de mejoras técnicas, cuya evaluación es altamente especulativa. Lo que resulta más desconcertante es que las estimaciones de reservas probadas también difieren ampliamente según las fuentes. Al margen de las comentadas arriba existen otros casos ilustrativos. Por ejemplo, los datos resumidos en el *BP Satistical Review of World Energy, 2004* señalan que a finales de 2003 las reservas probadas eran de 1,147 billones de barriles. Sin embargo, la revista *Oil and Gas Journal* considera que a fecha de enero de 2003 las reservas probadas totalizaban 1,212 billones de barriles, es decir, un 5,36% más que las calculadas por BP. Esta diferencia obedece fundamentalmente a que la citada revista cataloga en la categoría de reservas probadas un importante volumen del crudo recuperable de las arenas asfálticas de Canadá. Una decisión que no es compartida por otros técnicos que prefieren, por su elevado coste de extracción, seguir inventariando dicho crudo en la categoría de reservas probables o posibles. Resulta interesante constatar que la opción del *Oil and Gas Journal* aúpa a Canadá al segundo lugar del *ranking* mundial de reservas probadas, por delante de países como Irán e Iraq.

Las discrepancias analizadas ponen sobre la mesa una cuestión de gran calado: la ausencia de cualquier tipo de control o normativa internacional a la hora de inventariar reservas. Mientras algunos países sólo contabilizan reservas probadas, otros países menos rigurosos incluyen en sus cifras una mezcla de reservas probadas, probables y posibles. De hecho, es conocido que la publicación y difusión de las cifras de reservas están motivadas, en muchos casos, por cuestiones políticas o comerciales. Por ello, algunos analistas advierten sobre la necesidad de diferenciar «reservas técnicas», aquellas que constan en las bases de datos confidenciales de las petroleras, de la «reservas políticas», que son las que anualmente son publicadas en revistas e informes tan reputados como los citados en los párrafos precedentes.

Un ejemplo de una revisión de reservas no fundamentada en razones geológicas sino políticas podría ser el brusco salto (del 27%) experimentado, a finales de la década de los ochenta, por seis de los once países de la OPEP que incrementaron sus reservas en 287.000

millones de barriles, un volumen similar a la tercera parte de todo el petróleo extraído en el mundo en los últimos ciento cuarenta años. Algo que sigue intrigando a muchos analistas que cuestionan abiertamente la fiabilidad de las cifras de reservas de algunos países de la OPEP (Arabia Saudita incluida). Una duda de gran trascendencia en la actual coyuntura del mercado del petróleo y que justifica que, como se explicaba con anterioridad, Campbell y Laherrere sitúen la cifra de las reservas probadas mundiales en torno a los 850.000 millones de barriles (casi un 26% menos que las estimadas por BP).

El cenit de la extracción o el *peak oil*

Otra cuestión clave para el futuro del suministro del petróleo es tratar de resolver cuándo se alcanzará el «cenit en la extracción». ¿A qué nos referimos?

El petróleo no se encuentra formando bolsas en el subsuelo, sino impregnando los poros existentes entre las partículas minerales que integran las rocas. Utilizando el café como un símil, resulta que el fluido a extraer no está contenido en un termo, sino empapando terrones de azúcar. Esta inocente curiosidad científica resulta importante para comprender la irrelevancia de la típica y tópica pregunta de ¿cuándo se acabará el petróleo? Como sucedería en el caso del terrón, siempre quedará fluido por extraer, de modo que la respuesta es simple: nunca. Lo que sí debemos plantearnos es otra pregunta mucho más importante: ¿podrá la extracción de crudo seguir en las próximas décadas el tirón de la demanda? El informe de 2004 de BP anteriormente citado parece concluyente al respecto. Al ritmo actual de extracción, las reservas probadas, aseguran la disponibilidad de petróleo durante los próximos cuarenta años. ¿Incógnita despejada? En absoluto. Las estimaciones temporales resultantes de dividir reservas por extracción son poco o nada significativas. Porque sugieren que no habrá problemas hasta que hayamos bombeado del subsuelo la ultima gota de crudo. Una conclusión lógica si equiparamos los yacimientos de petróleo con bolsas liquidas o con el depósito de gasolina de un coche, olvidándonos de la realidad geológica, más cercana al símil del terrón de azúcar empapado de café. Como ya he señalado antes, la experiencia nos demuestra que la historia de explotación de un campo de petróleo sigue una curva en forma de campana, de trazado irregular al detalle, pero en la que pueden identificarse claramente dos limbos, uno ascendente y otro descendente. Ambos están separados por un punto o zona de inflexión que se inicia, aproximadamente, cuando se ha bombeado la mitad del crudo recuperable. Este punto o zona, conocido con el nombre del cenit o pico de la extracción, se identifica con el momento en el que surgen los problemas: los esfuerzos técnicos y financieros pueden disminuir la tasa de declive, pero no invertir la tendencia a la baja de la extracción. Por eso resulta importante intentar despejar la incógnita de cuando se alcanzará el cenit en la extracción mundial de crudo.

La Agencia Internacional de la Energía argumenta que si las inversiones previstas llegan a tiempo y los países productores se abren a éstas, el cenit no se producirá antes de 2030. Una previsión en línea con las del Departamento de Energía de los Estados Unidos y el Servicio Geológico de los Estados Unidos (USGS), que, para el futuro un incremento medio anual de la extracción del 2%, contemplan dos escenarios extremos. En el menos probable (5%) el cenit tendría lugar en 2047 y en el más probable (95%) en 2026. Si, en vez de escenarios extremos, consideramos uno de probabilidad intermedia (50%) el cenit se situaría en 2037. Este análisis, junto al hecho de que las proyecciones del USGS no tienen en cuenta los hidrocarburos no convencionales, han llevado a algunos economistas, a afirmar que en los próximos veinticinco a cincuenta años el mercado dispondrá de una cantidad ilimitada de crudo.

Sin embargo, esta visión no es compartida por otros análisis que se muestran mucho más pesimistas. Por ejemplo, la consultora Douglas-Westwood sitúa el cenit de la producción convencional de crudo en 2016 y la «Association for the Study of Peak Oil & Gas» (ASPO) en torno a 2010. Esta última, que incluye en su análisis los petróleos no convencionales, toma como punto de partida las estimaciones de reservas y recursos de Campbell y Laherrère, que sostienen que en estos momentos hemos consumido ya casi la mitad de los recursos recuperables del planeta, de modo que aplicando la curva de Hubbert cabe esperar que el cenit de la extracción ocurra durante la presente década.

Una reflexión final

De todo lo expuesto podemos concluir que el futuro del suministro global de petróleo aparece plagado de desafíos e incertidumbres. No existe acuerdo sobre los recursos y reservas disponibles, ni sobre la fecha exacta de cuando se alcanzará el temido cenit en la extracción de crudo convencional, momento en que traspasaríamos el umbral de la segunda mitad de la era del petróleo. Sin embargo, casi nadie discute ya la realidad de esta amenaza y que esta podría concretarse, en el mejor de los casos, en unos pocos decenios, El panorama es inquietante. El delicado equilibrio existente entre oferta y demanda, junto al creciente riesgo de interrupciones del suministro, podría acentuar la tendencia a la volatilidad en los mercados financieros, propiciar el juego geopolítico y exacerbar las tensiones entre los grandes consumidores. Asegurar tales suministros, cada vez más concentrados en Oriente Medio, no sólo requerirá enormes inversiones en exploración y explotación, sino también un creciente gasto militar. Todo ello nos acercará inexorablemente al fin de la era del petróleo abundante y barato, con su consiguiente repercusión negativa sobre la economía. Una nueva situación que requerirá una reestructuración en profundidad del sistema energético global. Sin duda, la amenaza del cenit de extracción en un horizonte no muy lejano hace más urgente la necesidad de avanzar en el camino de una mayor eficiencia energética, el desarrollo y despliegue de energías alternativas sostenibles y la revisión del dogma del crecimiento económico continuado e ilimitado.

Respecto a este último punto, creo que ha llegado el momento de plantear sin tapujos a la sociedad una disyuntiva fundamental. Se trata de optar por considerar el crecimiento económico como un fin en si mismo o como un medio para alcanzar una cierta calidad, no sólo material, de vida. Y no hay que llamarse a engaño: si escogemos la primera opción no cabe hablar de sostenibilidad.

VI. BIOCOMBUSTIBLES Y USO ENERGÉTICO DE LA BIOMASA: UN ANÁLISIS CRÍTICO*

Óscar Carpintero[1]

> Hemos pedido un cambio de civilización, y nos ofrecen porcentajes de biodiésel.
>
> JORGE RIECHMANN[2]

Una polémica que conviene resolver de manera sosegada y racional

Los movimientos sociales activos y con cierta vitalidad —y el movimiento ecologista lo es— presentan a veces tensiones entre el análisis radicalmente honesto de la situación ambiental, y la elaboración de propuestas y alternativas que sean viables técnica y económicamente. Esta tensión es normal aunque dé lugar en ocasiones a contradicciones internas o a incoherencias (ya se sabe que a veces es difícil acertar). En todo caso, a pesar de que no es siempre fácil eliminar esas inconsistencias, parece razonable hacer un intento por minimizarlas.

La vieja discusión sobre la necesidad de un nuevo modelo energético en los países ricos —y la mejor forma de luchar contra el cambio climático— ha puesto sobre el tapete un elemento de tensión y discusión interna, tanto dentro del movimiento ecologista, como en el seno del mundo científico y académico con preocupaciones ambientales. En un afán —inicialmente bienintencionado—

*Este texto amplía las reflexiones del artículo que, con el mismo título, apareció en la revista *El Ecologista,* 49, 2006. Agradezco a Joaquim Sempere la atenta lectura del texto y sus comentarios.

1. Profesor de Economía Aplicada de la Universidad de Valladolid y miembro de Ecologistas en Acción.

2. *Con los ojos abiertos. Ecopoemas (1985-2006)*, Ediciones Baile del Sol, Lanzarote, 2007.

por plantear alternativas renovables al uso de los combustibles fósiles, venimos asistiendo desde hace años a propuestas que ponen en un lugar destacado el uso de los biocombustibles y de la biomasa como elemento importante de la transición hacia un modelo energético más sostenible. Efectivamente, una parte importante del movimiento ecologista y algunos trabajos científicos que discutiré más adelante, se han esforzado en ofrecer una visión cautelosamente positiva del aprovechamiento energético de la biomasa y de las posibilidades de los biocombustibles. Sin embargo, me parece que las dudas y las críticas frente a estos planteamientos —que proceden también tanto de una parte del movimiento ecologista, como de científicos y académicos con una larga experiencia en cuestiones energéticas y ambientales— no han sido suficientemente atendidas ni valoradas. Esto es aún más lamentable habida cuenta que el marco institucional que se está imponiendo en nuestro país, y que más tarde comentaré, es claramente favorable a la extensión e intensificación del uso de la biomasa y los biocombustibles como fuentes energéticas.

Como me parece que en algunas manifestaciones públicas de una parte del movimiento ecologista español —Greenpeace, Ecologistas en Acción, etc.— se acepta (a veces con cautelas) este tipo de planteamientos[3], creo que es un buen momento para hacer aflorar públicamente la controversia. Y como no me parece que sea un asunto que se pueda despachar en un par de párrafos, también desearía hacerlo de la manera más sosegada, racional y respetuosa posible, esto es: recordando algunas enseñanzas que desde hace tiempo vienen exponiendo de manera muy solvente gentes como Alfonso del Val[4] en España, o David Pimentel, Mario Giampietro y tantos otros en el resto del mundo; e incorporando también, de

3. Véase, por ejemplo: Greenpeace, (2005): *Renovables 2050*, Madrid, o algunos artículos publicados en la revista de Ecologistas en Acción: Comisión de Energía (Ecologistas en Acción Madrid): «Utilización energética de la biomasa», *El Ecologista*, nº 32, pp. 41-43, 2002; y el de Begoña María-Tomé Gil (responsable de la Comisión de Cambio Climático): «Los biocarburantes o biocombustibles líquidos», *El Ecologista*, nº 47, pp. 24-26, 2006.

4. Dos ejemplos de textos lúcidos de Alfonso del Val en los que se defiende un aprovechamiento muy diferente de la biomasa y los residuos orgánicos son: «El aprovechamiento de los residuos orgánicos fermentables», *Gaia*, nº 16, pp. 28-32, 1999; y «¿Qué estamos haciendo con nuestros residuos?», *El Ecologista*,

paso, los resultados de recientes investigaciones que ponen seriamente en tela de juicio las bondades ecológicas del aprovechamiento energético de la biomasa y sus derivados biocombustibles.

Resumidamente, las dos opciones que protagonizan la controversia son las siguientes. De un lado, los partidarios de la utilización energética de la biomasa y los biocombustibles apoyan su opción sobre tres supuestas ventajas: *a*) los biocombustibles presentarían una balance energético positivo (es decir, que la energía obtenida es superior a la invertida en la producción del cultivo de base y en su fabricación); *b*) desde el punto de vista de las emisiones de CO_2 la biomasa y los biocombustibles tendrían un efecto neutral, esto es, emitirían a la atmósfera el carbono que previamente habrían absorbido en el proceso de fotosíntesis; y *c*) dadas las condiciones de crisis estructural de la agricultura y de despoblamiento del medio rural, la alternativa de los biocombustibles (a través de cultivos energéticos) serviría para fijar población en esos territorios y frenar un proceso demográfico tan negativo. Desde una perspectiva diferente, los contrarios al uso energético generalizado de la biomasa (para usos térmicos o eléctricos) y de los biocombustibles (para el transporte) hemos venido razonando en un doble sentido. De una parte, negando la validez real de las tres razones esgrimidas anteriormente y, en segundo lugar, resaltando el mejor uso alternativo que, concretamente en un país como España, tiene la biomasa y sus residuos, a saber: cerrar los ciclos de materiales, devolviendo a la tierra, en forma de nutrientes, la materia orgánica que se le extrajo y, de paso, frenar el grave proceso de erosión que sufre una fracción considerable de nuestro territorio. A desarrollar estos argumentos dedicaré el resto del capítulo.

---

nº 30, pp. 44-47, 2002. Véase, para más detalle su texto *El libro del reciclaje,* Ed. Integral. En la misma línea: Ecologistas Martxan, (2002): *Incidencia ambiental del empleo de biomasa con fines energéticos,* Iruña. Por otro lado, en otra muestra de la diversidad de opiniones dentro del movimiento ecologista sobre esta cuestión, varias propuestas de organizaciones regionales han hecho suyos estos planteamientos en materia de gestión y aprovechamiento de residuos de biomasa con usos muy diferentes a los energéticos (v.gr, Madrid, Castilla y León). Véase también: Óscar Carpintero, (2005): *El metabolismo de la economía española: Recursos naturales y huella ecológica (1955-2000),* Lanzarote, Fundación César Manrique, pp. 306-321.

Razones para rechazar (desde un punto de vista ecologista) el uso de los biocombustibles como opción energética

Comencemos primero por discutir la veracidad de las bondades y ventajas ofrecidas por los biocombustibles.

a) ¿Es realmente cierto que los biocombustibles presentan un balance energético positivo? La controversia en el movimiento ecologista sobre este punto era previsible pues tampoco la polémica ha sido ajena al ámbito científico. Algunos estudios de los años noventa y comienzos de esta década han tratado de demostrar que, en concreto, el bioetanol obtenido a partir del cultivo de cereales (sobre todo maíz) y su posterior fermentación y destilación, aporta mayor energía que la consumida en su producción y fabricación. Los resultados varían, según los estudios, desde un rendimiento neto adicional positivo del 34% —esto es: por cada kilocaloría gastada en la producción del biocombustible, obtenemos 1,34 kilocalorías en forma de etanol—[5], al 36%[6], o finalmente hasta incluso el 49%.[7] Bajo supuestos tecnológicos e hipótesis diferentes, otras estimaciones arrojaron ratios de eficiencia positivos de 1,98; 1,21; y 1,05.[8] Sin embargo, estos resultados contrastan con varias estimaciones que, precisamente, muestran un

5. Véase, por ejemplo: Shapouri, H., J.A. Duffield, M. Wang, (2002): *The Energy Balance of Corn-Ethanol: An Update*, U.S. Department of Agriculture, Agricultural Economic Report No. 814.

6. Wang, M., C. Saricks, D. Santini (1999): *Effects of FuelEthanol Use on Fuel-Cycle Energy and Greenhouse Gas Emissions*. U.S. Department of Energy, Argonne National Laboratory, Center for Transportation Research, Argonne, IL.

7. Lorenz, D., and David Morris, (1995): *How Much EnergyDoes it Take to Make a Gallon of Ethanol?* Revised and Updated. Institute for Local Self-Reliance, Washington, DC.

8. Farrell A. E, Plevin R.J, Turner B.T, Jones A.D, O'Hare. M., y Kammen D. M., (2006): «Ethanol can contribute to energy and environmental goals», *Science*, vol. 311, pp. 506-508. Junto a este trabajo de Farrell, *et al.*, este número de *Science* de 27 de enero de 2006 incorporó otros dos textos favorables a la utilización de los biocombustibles: Koonin, S.E: «Getting serious about biofuels»; y el de Ragauskas, A.J, *et al*: «The path forward for biofuels and biomaterials». Las reacciones y críticas no se hicieron esperar y el número de 23 de junio recogía ya numerosas cartas de protesta de científicos diversos, entre los cuales se encontraban: Robert Costanza, Cutler Cleveland, Robert Herendeen, Robert Kaufmann, Tad Patzek, Thomas H. Deluca, Kay Brower, David Connor, Ines Mínguez, o Michael Palmer. Vid. «Letters», *Science,* Vol. 31. 23 de junio, pp. 1.743-1.748.

panorama muy diferente. Por ejemplo, David Pimentel y Tad Patzek han puesto de relieve que se utilizan 1,29 kilocalorías de combustibles fósiles por cada kilocaloría obtenida en forma de etanol (es decir, un rendimiento *negativo* del 29%); ratio que empeora si en vez de maíz se utiliza la gramínea herbácea norteamericana conocida como *switchgrass*, ya que en este caso el rendimiento negativo alcanza el 50%, llegando incluso hasta el 59% cuando se utiliza madera aunque sea procedente de bosques gestionados de manera sostenible. Y la cosa no mejora tampoco cuando, en vez de etanol, hablamos de biodiésel: aquí los rendimientos *negativos* alcanzan el –27% si se obtiene a partir de soja o del –118% si se produce utilizando cultivo de girasol.[9] De esta manera, los trabajos de Pimentel y sus colaboradores se vienen a sumar a otras investigaciones que, con diferencias en los porcentajes, ofrecen tendencias similares.[10] En el caso español, un reciente estudio del CIEMAT encargado de demostrar la viabilidad energética de este tipo de cultivos en la obtención de etanol, arrojaba sin embargo unos datos poco prometedores: en el mejor de los supuestos planteados (combustible con una mezcla de etanol del 15%), por cada unidad energética gastada en el proceso de producción y distribución se obtenían únicamente 0,96 unidades energéticas en forma de combustible.[11]

---

9. Pimentel, D., T.W. Patzek, (2005): «Ethanol Production Using Corn, Switchgrass, and Wood; Biodiesel Production Using Soybean and Sunflower», *Natural Resources Research*, 14, pp. 65-76. Este trabajo complementa y actualiza investigaciones previas del propio Pimentel. Véase, por ejemplo: Pimentel, D., (2003): «Ethanol fuels: energy balance, economics and environmental impacts are negative», *Natural Resources Research*, 12, pp. 127-134; y «Ethanol fuels: energy, security, economics and the environment», *Journal of Agriculture, Environment and Ethics*, 4, pp. 1-13. En un plano más general, véase también el excelente texto de: Giampietro, M., K. Mayumi, y J. Ramos-Martin, (2006): «Can biofuels replace fossil energy fuels? A Multi-scale integrated analysis based on the Concept of societal and ecosystem Metabolism: part 1», *International Journal of Transdisciplinary Research* Vol. 1, No. 1, pp. 51-87.

10. Keeney, D.R., and T.H. DeLuca. «Biomass as an Energy Source for the Midwestern U.S.» *American Journal of Alternative Agriculture*, Vol. 7 (1992), 137-143; Giampietro, M., S. Ulgiati, D. Pimentel, (1997): «Feasibility of large-scale biofuel production», *BioScience*, 47, pp. 587-600.

11. CIEMAT, (2006): *Análisis de ciclo de vida de combustibles para transportes. Fase I. Análisis del ciclo de vida comparativo del etanol de cereales y de la gasolina.* Madrid, p. 70.

En la explicación de las diferencias aparecen dos tipos de elementos. Una parte cabe achacarla a las distintas hipótesis mantenidas para la conversión en términos energéticos de los factores productivos de la agricultura (fertilizantes, maquinaria, herbicidas, etc.). Este sesgo se puede discutir y estaría razonablemente acotado. Sin embargo, el grueso de la discrepancia entre ambos tipos de estudios descansa, sobre todo, en la contabilización o no de *toda* la energía que *directa e indirectamente* se utiliza en la producción del etanol o el biodiésel[12], es decir, *el ciclo de vida completo*: incorporando, por ejemplo, la energía necesaria para producir y reparar la maquinaria agrícola (y no sólo el combustible que utiliza ésta para funcionar), o la maquinaria del proceso de destilación y fermentación, etc.[13] Y es precisamente al incorporar todos estos elementos cuando el balance negativo hace su aparición[14].

Pero es que, incluso aunque el resultado de los balances energéticos fuera positivo, la proliferación de cultivos energéticos no tiene ningún sentido por una sencilla razón que ya puso de relieve hace dos décadas José Frías:

> ...dados los elevados consumos energéticos de la agricultura actual procedentes de combustibles fósiles, la eficiencia energética de la producción de biomasa es muchas veces inferior a la unidad, es decir, que se consume más energía para obtener una unidad de biomasa que la proporcionada por ésta. Pero aun en los casos en que la eficiencia energética sea superior a la unidad se trata simplemente de 'cambiar' por ejemplo, 10 toneladas de petróleo (energía no renovable) por el equivalente de 12 tonela-

12. A la posibilidad de utilizar los aceites vegetales usados para la elaboración de biodiésel me referiré más tarde.

13. Algunas diferencias entre el estudio de Shapouri, *et al.* (2002) y Pimentel (2003, 2005) se encuentran en Pimentel, (2005), p. 69.

14. En el estudio del CIEMAT (2005) ya citado y aplicado al caso español, la eficiencia menor que uno obtenida sería todavía más reducida si se incluyeran los factores reseñados, factores que, sin embargo, se excluyen metodológicamente: «...las cargas relativas a la fabricación de maquinaria agrícola, los vehículos de transporte y las instalaciones de transformación del grano de cereal en etanol quedan excluidas. Es importante señalar que en la producción agrícola los procesos de fabricación de maquinaria agrícola sí pueden tener una aportación algo más significativa». CIEMAT (2005): *Análisis de ciclo de vida...*, op.cit., p. 13.

das de petróleo en alcohol obtenido a partir de la biomasa. Así pues, el punto más débil para el desarrollo de la agroenergética lo constituye su dependencia de los combustibles fósiles, por lo que en definitiva el proceso resulta equivalente a un pequeño aumento del rendimiento energético del petróleo.[15]

Se podría alegar que, al proponer cultivos energéticos, se está pensando en recurrir a prácticas de agricultura ecológica —o cultivos como el cardo—, menos intensivas en el uso de combustibles fósiles. Pero sería, al menos paradójico, que se pusiera un empeño especial en recurrir a esta estrategia cuando se quiere dedicar la superficie agrícola a producir energía, y en cambio se preste escasa atención y recursos cuando se trata de reconvertir ecológicamente los sistemas agrarios para mejorar sustancialmente la calidad de los alimentos y la salud de los ecosistemas.

b) En todo caso, los partidarios de los biocombustibles argumentan la reducción de las emisiones de CO_2 como una ventaja indiscutible de esta opción energética, que equilibraría los inconvenientes anteriores. Ahora bien, ¿es realmente cierto que la producción de biocombustibles resulta neutra desde el punto de vista de las emisiones de CO_2? Aunque la explicación de la neutralidad ya ha sido expuesta anteriormente, cabe de todas formas hacer una importante matización que los partidarios de los biocombustibles suelen evitar. Tanto el proceso de cultivo como las fábricas de destilación y fermentación de etanol utilizan combustibles fósiles para su funcionamiento, a lo que habría que añadir la energía necesaria para la recogida y el transporte de las cosechas hasta la planta industrial. Si se hacen bien las cuentas, ¿cuál es entonces el balance neto de emisiones de CO_2 de un biocombustible como el etanol? ¿Son de verdad neutras? Tad W. Patzek ha realizado este cálculo de manera exhaustiva, es decir, incorporando también el resto de emisiones de gases con efecto invernadero (óxidos de nitrógeno, metano, etc.), que se generan en el proceso de cultivo y fabricación, y las ha transformado en toneladas de CO_2 equivalente. El resultado al que ha llegado es muy ilustrativo: en términos *netos*,

15. Frías San Román, J, (1985): «Posibilidades de aprovechamiento económico de la biomasa residual», *Agricultura y Sociedad*, 34, p. 219.

por cada hectárea de maíz dedicada a la producción industrial de etanol en Estados Unidos se generan 3.100 k de CO_2 equivalente, lo que quiere decir que, si se quisiera satisfacer únicamente el 10% del consumo de combustible en ese país con etanol, las emisiones alcanzarían los 127 millones de toneladas.[16]

Gráfico 1
Emisiones netas de CO_2 equivalente por cada hectárea de maíz destinada a etanol (k/hectárea)

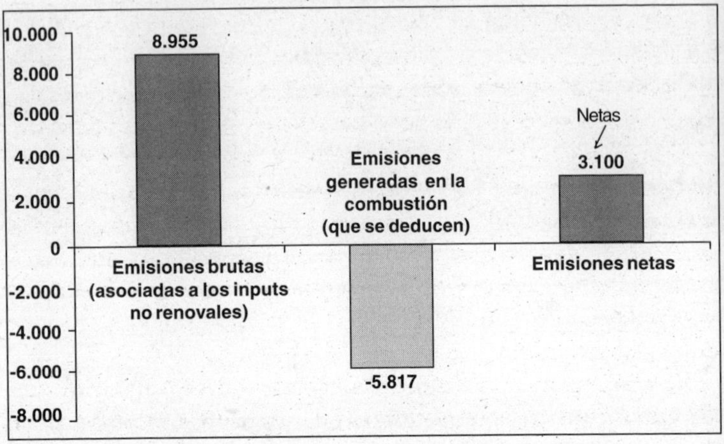

Fuente: Patzek, T. (2004): «Thermodynamics of the Corn-Ethanol Biofuel Cycle», *Critical Reviews in Plant Sciences*, 23(6):519-567. Versión actualizada de 2006 en: ww.petroleum.berkeley.edu/papers/patzek/CRPS416-Patzek-Web.pdf.

c) Existe, por último, un tercer argumento que defiende los cultivos agroenergéticos como vías para mantener la población en el medio rural. Conociendo la historia del entorno rural y las transformaciones sufridas por el sector agrario en las últimas décadas, su utilización no me parece muy afortunada. Sinceramente, no creo (más bien lo contrario) que con la difusión y generalización de los cultivos energéticos —ya sea poniendo en producción tierras abandonadas, o desviando aprovechamientos actuales hacia otras voca-

16. Patzek, op.cit, p. 50.

ciones más energéticas—, se frene la despoblación y el abandono del campo. Y ello por varias razones. En primer lugar, y paradójicamente, la agricultura moderna se ha convertido en un potente instrumento de expulsión de población del medio rural. El énfasis productivista (o mejor, *produccionista*, como acertadamente ha recordado Enric Tello) de la actual agricultura —espoleada en Europa por la Política Agraria Común (PAC)— ha fomentado un tipo de negocio agrario en el que el factor trabajo se va convirtiendo en un elemento marginal, donde predominan las grandes explotaciones de monocultivos, altamente dependientes de la industria tanto para la compra de inputs (maquinaria, fertilizantes, herbicidas...) como para la venta de su output o producción. Y allí donde existía un sector autónomo y excedentario económica y financieramente, nos hemos encontrado con una actividad profundamente deficitaria —cuyas ayudas van a parar finalmente a pagar los préstamos para comprar los inputs que le vende el sector industrial—, y que no cumple ninguno de los objetivos por los cuales podría ser merecedora de ayudas: mantenedora de población rural, socialmente justa, y ecológicamente compatible con la salud de las personas y de los ecosistemas.

La PAC no satisface ninguno de estos requisitos, como se puede ver claramente, por ejemplo, con la injusta asignación de las subvenciones entre las explotaciones, el deterioro y la contaminación ambiental de los agrotóxicos, y el desprecio por la salud de la población europea.[17] Y la puesta en marcha de cultivos energéticos

17. Por ejemplo, el fenómeno de la Encefalopatía Espongiforme Bovina (EEB) conocido como el mal de las «vacas locas» ha puesto sobre el tapete las verdaderas prioridades de la PAC. No otra cosa se desprende de algunos documentos manejados por la Comisión Europea donde, *ya en 1990*, se podían leer frases como la siguiente: «Es necesario minimizar este problema de la Encefalopatía Espongiforme Bovina practicando la desinformación. Es mejor decir que la prensa tiende a exagerar [...] Hace falta tener una actitud fría para no provocar reacciones desfavorables en el mercado. No hay que hablar más de EEB. Ese punto no debe figurar en el orden del día (...) Vamos a pedir al Reino Unido que no publique más los resultados de sus investigaciones». Comité Veterinario Permanente de la UE, (reunión del 9 y 10 de octubre de 1990): *Nota sucinta del «dossier» sobre EEB*. Véase *El País*, 24 de enero de 2001, p. 28.

dentro del mismo marco institucional seguramente no va a cambiar nada de eso. Posiblemente ampliará la dependencia de la agricultura respecto de la industria, incorporando ahora los intereses de las empresas energéticas.[18]

Las tres objeciones planteadas tienen, a mi juicio, suficiente peso para relativizar las bondades de los biocombustibles. Incluso aunque se pudiera discutir algún aspecto como el del balance energético, la sola presencia de análisis divergentes sobre esta cuestión debería ser ya motivo para aplicar, al menos, el *principio de precaución* en la producción de biocombustibles. Un principio, dicho sea de paso, muy querido por el movimiento ecologista y que habría también que poner encima de la mesa. Sobre todo cuando, al salirnos del ámbito específico de la energía, se observa que la producción de etanol o biodiésel no hace sino agravar directa e indirectamente la erosión y degradación del suelo (lo que es especialmente importante para España), además de ser un proceso muy exigente en utilización de agua (lo que también debería preocupar en nuestro territorio): se estima que para la producción de un litro de etanol se requieren entre 10-12 litros de agua en la fase de destilación, y entre 20-25 litros en la fase de fermentación, lo que supone en total una exigencia de *entre 30 y 37 litros de agua por cada litro de etanol.*[19]

18. Que la preocupación de la administración en este asunto no es el mantenimiento de la población rural y el beneficio de los agricultores lo demuestra la composición del Grupo de Trabajo creado por el Ministerio de Agricultura (MAPA) para el estudio de los biocarburantes. Grupo que ha elaborado un documento titulado *Contribución del sector agrario español a la obtención de biocarburantes,* Madrid, Octubre 2006, y que estaba compuesto por tres empresas (Repsol, Acciona y Abengoa), un miembro del IDAE, un representante de la Oficina Económica del Gobierno y otro representante del MAPA. Ni rastro, como se ve, de los intereses de los agricultores. De hecho, el documento hace un llamamiento claro a incrementar las ayudas que deben recibir las empresas que se dedican a la producción de biocombustibles para hacerlos rentables en comparación con las subvenciones que reciben los agricultores para destinar el territorio a cultivos alimentarios.

19. White, P. J. and Johnson, L. A. (eds.), (2003): *Corn Chemistry and Technology Handbook,* American Association of Cereal Chemists: citado en Patzek, T. (2004): «Thermodynamics of the Corn-Ethanol Biofuel Cycle», *Critical Reviews in Plant Sciences,* 23(6):519-567. Versión actualizada de 2006 en: www.petroleum.berkeley.edu/papers/patzek/CRPS416-Patzek-Web.pdf .

No parece, por tanto, que la consideración de otros aspectos como la erosión o las exigencias hídricas de los cultivos que sirven de base a los biocombustibles jueguen a favor de esta alternativa. Máxime cuando se añaden algunas consideraciones relacionadas con la desmesurada ocupación de espacio que exigiría satisfacer el consumo de energía para el transporte con biocombustibles. Tal y como ha puesto de relieve la OCDE, alcanzar el 10% del consumo de combustibles en Estados Unidos con etanol requeriría el 30% de la superficie agraria total de ese país, porcentaje que en el caso de la Unión Europea (15 países) ascendería al 72% de su superficie agraria (gráfico 2).

Gráfico 2
Superficie agraria necesaria para satisfacer el 10% el consumo energético en transporte en cada país, 2004
(Porcentajes sobre superficie agraria total)

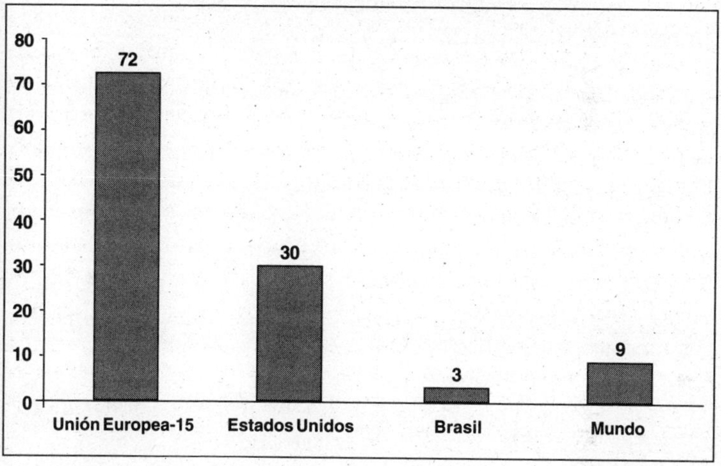

Fuente: OCDE (2005): *Agricultural Markets Impacts of Future Growth in the Production of Biofuels*, París, p. 37.

Y cuando las cifras de consumo de grano para combustible se comparan con la cantidad necesaria para alimentar a una persona durante un año, el resultado es si cabe más demoledor: suponiendo que cada coche recorre por término medio 20.000 km/año con un consumo de 7 litros/100 km, esto supondría la utilización de

1.400 litros de etanol producido a partir de 3.500 kilos de grano. Es decir, aproximadamente *siete veces más grano* que el que necesita un individuo para alimentarse durante un año (en torno a media tonelada).[20] Lo que nos lleva directamente al último de los efectos nocivos de la proliferación en el consumo de biocombustibles. Habida cuenta de que los países ricos no van a poner en cultivo esos millones de hectáreas necesarias para satisfacer su consumo de biocombustibles, ya se están desarrollando proyectos en países pobres de Latinoamérica, Asia y África para que éstos destinen una parte importante de su superficie agrícola a la plantación de cultivos energéticos para satisfacer el consumo de los países ricos, poniendo así en mayor riesgo su seguridad alimentaria y aumentando sus servidumbres ambientales con los países «desarrollados».[21]

3. Argumentos contra el uso de la biomasa como opción energética

Una vez analizado el caso de los biocombustibles, resta por debatir los motivos que llevan también a dudar del uso de la biomasa con fines principalmente energéticos. Es cierto que el aprovechamiento térmico y (parcialmente) eléctrico de la biomasa (residual) no se enfrenta con las objeciones de eficiencia energética que, por ejemplo, se han detectado en el caso de los biocombustibles. Al tratarse, principalmente, de residuos agrícolas, ganaderos o forestales y, como tales, subproductos de la actividad principal, no se les debe computar ningún consumo energético, por lo que su quema sí que arrojaría una balance positivo.

A pesar de ello, la razón más importante para dudar de una estrategia energética como ésta descansa en otro hecho. Con las

---

20. Así lo calculan D. Connor, I. Mínguez, (2006): «Letter to Science», *Science,* vol. 312, p. 1743.

21. Véanse, por ejemplo, los artículos firmados por Mae-Wan Ho y Elizabeth Bravo en: Institute of Science and Society, (2006): Which energy?, (www.i-sis.org.uk). Por ejemplo, las recientes tensiones en los precios de algunos cereales como el maíz —espoleadas por la demanda de Estados Unidos para producir etanol— han dado lugar a importantes protestas sociales en México a comienzos de 2007 debido al efecto sobre el aumento de los precios de la tortita de maíz (alimento básico de la población mexicana).

características edáficas de un territorio como la Península Ibérica, en el que avanzan de manera importante los procesos de erosión y desplazamiento de materia orgánica vinculados a actividades antrópicas (agricultura, urbanización y construcción de infraestructuras),[22] sabemos que *existe un destino alternativo más provechoso para esos residuos agrícolas, ganaderos y forestales, que contribuiría a cerrar los ciclos de materiales de las actividades agrarias, y a paliar los procesos erosivos: la elaboración de compost y la devolución al terreno de aquella parte que previamente se ha extraído en forma de materia orgánica y nutrientes con la recolección de los cultivos.*

Como se ha recordado ya hace varios lustros, dada la preocupante situación de nuestros suelos, si quisiéramos elevar hasta el 2% su contenido de materia orgánica, necesitaríamos un aporte anual de 232 millones de toneladas, equivalentes a 6,5 tm/ha/año durante una década.[23] Una parte de ellos están representados en los más de 40 millones de toneladas de residuos de cultivos, a los que podríamos sumar los casi 90 millones de estiércol ganadero y los más de 15 millones de residuos sólidos urbanos que incorporados arrojarían una cifra cercana a los 150 millones de toneladas. Sólo así se podría contribuir a reducir tanto los efectos erosivos de origen antrópico, como aquellos relacionados con fenómenos meteorológicos naturales como la velocidad del viento o el impacto producido por las gotas de lluvia sobre el suelo. «Cuando el 20% de la superficie del suelo —recuerda Vaclav Smil— se cubre de residuos, la erosión será un 50% menor que en ausencia de ellos, y una cobertura del 90% puede reducir la erosión hídrica en más del 93% en comparación con el suelo al descubierto».[24] Ahora bien, la magnitud del daño se hace más

---

22. Véase, no obstante, el interesante artículo de Julia Martínez y Miguel Ángel Esteve, (2006): «Desertificación en España: una perspectiva crítica», *El Ecologista*, 48, pp. 40-42, donde se matizan razonablemente algunos tópicos sobre esta cuestión.

23. MOPU, (1980): *Estudio sobre aprovechamiento de basuras, producción y utilización de compost*, Madrid. Cfr. Del Val, A., (1999): «Aprovechamiento de residuos orgánicos fermentables», GAIA, 16, p. 30.

24. Smil, V., (1999): «Crop residues: Agriculture´s largest harvest», *BioScience*, vol. 49, p. 303.

patente si caemos en la cuenta de que el «suelo fértil» es un recurso *renovable* un tanto especial, pues el tiempo necesario para su «renovación» lo convierte a efectos prácticos en un recurso *no renovable*. «En condiciones naturales de cubierta vegetal —recuerda Robert Allen—, la naturaleza tarda de cien a cuatrocientos años en generar diez milímetros de capa superior de suelo; y se necesitarían de 2.000 a 8.500 años para generar suelo hasta una profundidad de 20 cm. Así pues el suelo, a efectos prácticos, una vez desaparecido, ha desaparecido para siempre».[25]

En un país donde la agricultura sigue ocupando un fracción importante del territorio, la erosión sigue siendo preocupante, y la materia orgánica no abunda especialmente, *resulta un lujo completamente innecesario quemar la biomasa para obtener energía.* Sobre todo porque el coste de oportunidad es muy alto. El uso energético de la biomasa entra en competencia con su aprovechamiento en forma de compost y lo más inteligente, dadas las circunstancias, es emplearlo en aquello que ofrece mejores resultados desde el punto de vista de la conservación de los ecosistemas y la propia agricultura. La energía se puede obtener utilizando más eficientemente la ya disponible —o de forma renovable con tecnología solar o eólica—, pero *es obvio que ningún panel fotovoltaico o molino de viento nos va a proporcionar la materia orgánica necesaria para abonar nuestros campos.*[26] No hay que olvidar, además, otro elemento fundamental. Si queremos tener una visión integrada de la gestión ambiental, y a la vez ser coherentes con nuestras propuestas para alcanzar una economía sostenible, la transformación ecológica del sistema agropecuario necesitará del abono orgánico necesario para nutrir los cultivos de la propia agricultura ecológica. Pero si decidimos quemarlo, ¿cómo abasteceremos de materia orgánica a nuestras explotaciones de agricultura ecológica? ¿Cómo lograrán proporcionarnos alimentos saludables y conservar adecuadamente los ecosistemas agrarios?

---

25. Citado por López Linage, J., (1987): «Crecimiento urbano y suelo fértil. El caso de Madrid en el período 1956-1980», *Pensamiento Iberoamericano,* 12, p. 260.

26. Cabría hacer una excepción con el aprovechamiento térmico de ciertos residuos forestales en núcleos rurales cercanos al monte.

5. Reducir nuestras contradicciones y calibrar la bondad de las dos alternativas

Seguramente, la mejor manera de reducir las contradicciones internas en un asunto importante —como lo es éste para el movimiento ecologista—, sea comparar cada una de las alternativas propuestas con los principios generales que inspiran nuestros análisis y prácticas como tal movimiento social. Así, de paso, se calibra hasta qué punto las dos posibilidades presentan rasgos más o menos contradictorios con esos principios, y se puede elegir con mayor coherencia.

Si, para empezar, tuviéramos que sintetizar en un puñado de rasgos los elementos que, desde el punto de vista de la economía ecológica —y del propio movimiento ecologista—, caracterizan a una economía industrial como sostenible, es probable que, como mínimo, estuviéramos de acuerdo en estos tres principios (por lo demás bien conocidos): 1) Como cuestión general, la reducción en el uso masivo de los recursos naturales (energía y materiales) y, por lo tanto, en la generación de residuos en todas sus formas (sólidos, líquidos o gaseosos); 2) Desde el punto de vista energético, la articulación de los modos de producción y consumo sobre fuentes de energía renovables; y 3) En lo tocante a los materiales, afanarse en *cerrar los ciclos* convirtiendo los residuos de nuevo en recursos aprovechables a través de su reutilización y reciclado. Han sido precisamente las condiciones 2) y 3) las que han permitido definir como *sostenible* el modo de producción propio de la biosfera durante millones de años, y a eso mismo debemos aspirar si queremos cumplir el manido objetivo de «satisfacer las necesidades de la generación presente sin comprometer la capacidad de las generaciones futuras para satisfacer sus propias necesidades».

A la defensa de estos principios y a su aplicación han destinado muchas personas del movimiento ecologista tiempo y energía durante décadas, como también lo han hecho a llamar la atención sobre el carácter transversal de casi todas las cuestiones ambientales. Es decir: resulta necesario gestionar integradamente nuestro medio ambiente, saber que cuando hablamos de recursos estamos también hablando de residuos, de ordenación del territorio, etc. Que las acciones que se toman para resolver un «problema» en un ámbito pueden tener repercusiones negativas y contraproducentes en otros, por lo que es necesario tener una visión de conjunto que evite la racionalidad parcelaria a costa de la irracionalidad general.

¿Cuál, entonces, de las dos alternativas discutidas se corresponde en mayor medida con los principios enunciados? En primer lugar, y a pesar de que siempre hacemos énfasis en la necesidad de *reducir* el uso de recursos y, por tanto, la generación de residuos, las discusiones y presiones ordinarias nos suelen llevar sin solución de continuidad hacia el ámbito de la gestión. No me parece razonable entrar a discutir nuevas formas de abastecimiento energético (aunque sean «renovables») sin antes exigir que se acometan seriamente planes de ahorro y eficiencia que reduzcan el uso de energía. Obviamente, esta medida proporciona un amplio margen siendo España el país de la UE más despilfarrador e ineficiente en el uso energético.

Por eso mismo, en segundo lugar, me parece más necesario que nunca revitalizar el enfoque de gestión de la demanda en este, en la línea del notable *Plan de ahorro y eficiencia en el consumo eléctrico. Horizonte 2015*, presentado recientemente por Ecologistas en Acción,[27] y al que se podrían acompañar otra serie de medidas en el ámbito del transporte, la industria y el uso residencial. Siendo tantas las posibilidades por explorar en este terreno no sería sensato dar alas al viejo enfoque de oferta, es decir, de ampliación de la disponibilidad energética (aunque sea con biocombustibles y biomasa), pues el énfasis y la discusión sobre la «bioenergía» evitaría, por enésima vez, prestar atención al ahorro y la reducción.

Por otro lado, se minimizarían las incoherencias de nuestro discurso si simplemente trasladásemos al ámbito energético lo que llevamos tiempo defendiendo en la gestión del agua en España. Sería deseable, además, no caer aquí en la trampa que la administración y los regantes han querido tendernos en materia hídrica, y que sabiamente hemos evitado. En efecto, en los debates sobre el último *Plan Hidrológico Nacional* se dijo que el trasvase era necesario puesto que el «déficit hídrico» del litoral no se cubría con los hectómetros cúbicos adicionales obtenidos con medidas de ahorro

27. Y en el que se plantean reducciones en el consumo eléctrico de hasta el 35%.

y eficiencia (reparación de redes de distribución, riego por goteo, etc.) que ya habían sido considerados. Por lo tanto, las necesidades seguían siendo superiores a las disponibilidades, y esto justificaría el trasvase. Afortunadamente, la falacia del argumento fue puesta de relieve, con vigor y buenas razones, por el movimiento ecologista y la nueva cultura del agua. Y si este razonamiento de vieja cultura del agua nos pareció *inaceptable* en el caso hídrico —porque es preciso poner coto a las demandas injustificables, pues los trasvases antes y las masivas desaladoras ahora sirven para cebar la bomba de un modelo agrario, productivo y turístico ampliamente destructivo del litoral—, igual de inaceptable nos lo debe parecer ahora cuando discutimos sobre energía.

En tercer lugar, la articulación del modo de producción y consumo sobre fuentes de energía renovables (y no emisoras de gases con efecto invernadero) nos lleva directamente a poner un mayor énfasis en la sustitución de los combustibles fósiles y la energía nuclear, por tecnologías solares y eólicas, que ofrecen menores impactos ambientales y costes de oportunidad que los biocombustibles o la biomasa. La defensa ecologista de la energía solar y de la eólica es un hecho demostrado desde hace tiempo, pero dado el actual marco institucional de expansión de la biomasa y los biocombustibles —que comentaré en el último apartado— se hace más necesario que nunca redoblar el énfasis en estas energías, sobre todo la solar.

Por último, convendría saber cuál de las dos alternativas responde mejor al objetivo de *cerrar los ciclos de materiales*. En este asunto, y teniendo en cuenta los argumentos previos, existen pocas dudas de que el aprovechamiento de la biomasa en forma de abono y compost, que devuelve a la tierra los nutrientes y la materia orgánica que previamente se extrajeron de ella, cumple mejor ese requisito que el uso energético de la misma. A estas razones habría, además, que sumar otras dos. De un lado, la aportación de la biomasa y los biocombustibles al consumo energético global sería muy reducida, comparada en cambio con el gran servicio que prestaría como enmendante y abono para la agricultura. Por otra parte, perseguir este último uso para la biomasa resulta coherente con la política de gestión de residuos urbanos que el movimiento ecologista viene defendiendo desde hace años: la separación en origen de la materia orgánica compostable para su aprovechamiento como abono.[28] ¿Cómo defender la separación en origen de la fracción orgánica si luego va a tener una finalidad energética? Difícilmente.

4. Frenar algunos despropósitos de las políticas energéticas públicas

Después de todas estas consideraciones, resulta triste que, a pesar de los esfuerzos del Ministerio de Medio Ambiente, las previsiones públicas en materia energética —algunas de ellas plasmadas en la *Estrategia de Ahorro y Eficiencia Energética en España (2004-2012)* y, sobre todo, el *Plan de Energías Renovables (PER 2005-2010)*—[29] hayan hecho oídos sordos de las cautelas y argumentos anteriores. Hay varias razones para pensar así:

1) En relación con la *Estrategia...* mal empezamos si se asume de partida —y sin ninguna justificación razonable— que el consumo de energía aumentará un 3,3% anual acumulativo entre 2000 y 2012. Y que, una vez fijado esto, se plantee como objetivo estratégico que el consumo *aumente finalmente «sólo» un 2,5%, anual*, quedando así como un logro del ahorro y la eficiencia el 0,8% anual restante.[30] Una estrategia de ahorro y eficiencia que, en vez de aspirar a reducciones o, en su caso, estabilizaciones del consumo, presenta incrementos en la utilización de la energía no puede ser nada bueno.[31]

---

28. Esto es lo que se propuso sin éxito en el caso de Madrid, y se logró en ciudades como Córdoba o Valladolid, evitando, de paso, la proliferación del famoso contenedor amarillo que tanto perjuicio está creando en la gestión sensata de los residuos municipales.

29. Ambos documentos están disponibles en www.idae.es.

30. Esta forma de actuar empieza a ser sonrojante y recuerda —pero al revés— a algunas prácticas de empresas privadas que, ante previsiones exageradas de beneficios, estiman pérdidas cuando los beneficios finalmente alcanzados son inferiores a las previsiones.

31. Lo que es una pena, pues varias de las medidas de ahorro sectoriales propuestas en este documento tienen todo el sentido, pero se quedan en agua de borrajas ante un planteamiento general tan poco ambicioso.

2) Por otra parte, este incremento final se hace coincidir con una expansión general de las renovables, pero también con un hecho sorprendente y paradójico que no parece haber sido objeto de mucha reflexión crítica. El PER 2005-2010 prevé llegar al final del período con una producción de 10.481 ktep (miles de toneladas equivalentes de petróleo), de las cuales 3.488 ktep serían aportadas por centrales de biomasa, 1.552 por co-combustión de biomasa, y 1.972 ktep con biocarburantes. Es decir, *el 66% de la producción energética de fuentes renovables se hará con cargo a la biomasa y sus derivados (biocombustibles),*[32] mientras que la aportación de la energía solar (fotovoltaica, termoeléctrica y térmica de baja temperatura) sería marginal: 882 ktep, esto es, sólo el 8,4% de la producción (gráfico 3).

Gráfico 3
Distribución del incremento en el uso de energías renovables en el 2010 (miles de tep)

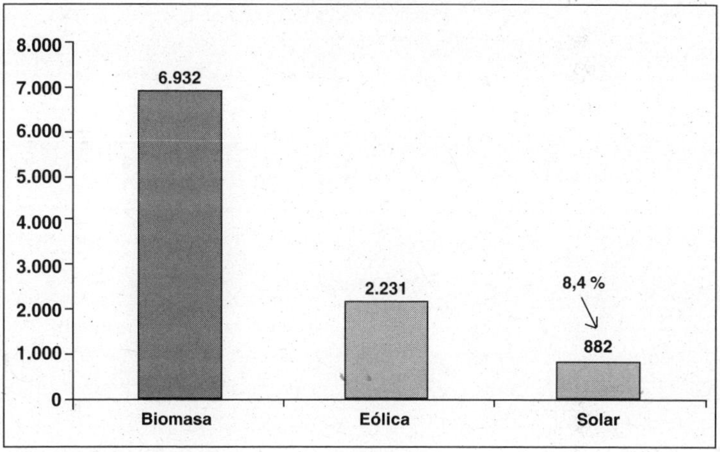

Fuente: PER (2005-2010).

32. Y ello sin considerar las 583 ktep destinadas de biomasa para fines térmicos que, por lo dicho más adelante en la nota 38, no incorporo en este cálculo. De hacerlo, el porcentaje superaría el 70 por 100. Ministerio de Industria, Turismo y Comercio/IDAE, (2005): *Plan de Energías Renovables (2005-2010),* Madrid.

3) Igual de criticable resulta que, con los costes ambientales ya descritos en términos de consumo de energía y emisiones de los biocombustibles, se salude positivamente la posición récord que España ocupa en la producción de bioetanol a escala europea. Producción que se pretende complementar con un incremento sustancial de biodiésel con cargo a aceites vegetales *puros* —no usados— (sobre todo colza).[33] Si a esto añadimos que, como el propio Ministerio de Agricultura reconoce, más de la mitad del aceite necesario para la producción de biodiésel procede del exterior,[34] *quedan claras las amenazas de servidumbre ambiental que esta opción energética está generando sobre los países más desfavorecidos, que ven incrementadas sus hectáreas de tierra destinadas a la plantación de cultivos energéticos para consumo de los países ricos, mientras dejan de destinar esas mismas tierras a garantizar la seguridad alimentaria.*

4) Tampoco es razonable el énfasis en vincular los cultivos energéticos no sólo a la fabricación de biodiésel, sino también a incrementar la biomasa disponible para usos energéticos más allá de los residuos agrícolas, ganaderos o forestales disponibles: concretamente *1.908.300 tep se pretenden lograr con cargo a cultivos energéticos, es decir, casi la mitad de la producción energética con biomasa en 2010.* De esta manera, desaparece incluso el supuesto «balance energético positivo» del uso de estos residuos de biomasa, incorporándose todos los inconvenientes ya expuestos para el caso estricto de los biocombustibles.

5) Este empeño energético contrasta no solo con las limitaciones y pobreza de materia orgánica de nuestros suelos, sino también con el escaso énfasis en las excepcionales condiciones que en energía solar tiene España en comparación con los países de nuestro entorno. Así, resulta sorprendente que Alemania —con mucha menos irradiación que España— esté a la cabeza europea en potencia

33. El objetivo a cumplir en 2010 es llegar a las 1.221.000 tep de biodiésel, con 1.021.000 tep de aceites puros y 200.000 tep procedentes de aceites usados. Como se puede ver, no parece que el argumento del reciclaje de aceites usados sea determinante para la generalización del biodiésel.

34. Nota de prensa de 15 de junio de 2006.

instalada solar fotovoltaica (403 MW en 2003), mientras que España aparezca con una potencia *15 veces inferior* (26,9 MW), por debajo incluso de los Países Bajos que, con mucha menos extensión territorial, casi nos duplican en potencia instalada (50,5 MW).[35] Convendría recordar, además, que estas cifras de potencia solar fotovoltaica en España quedan muy por debajo de los 45 MW que, por ejemplo, Ecologistas en Acción —en colaboración con dos organizaciones sindicales— proponía hace ya una década para el año 2000.[36]

Gráfico 4
Potencia solar fotovoltaica instalada en los tres primeros productores europeos, 2003 (MW)

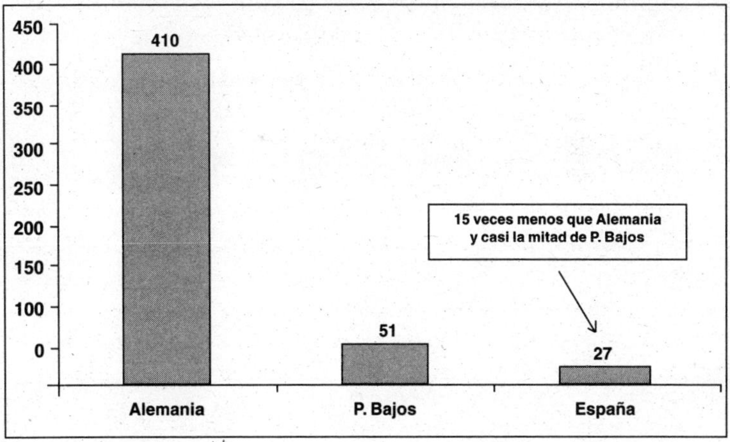

Fuente: PER (2005-2010).

6) Finalmente, estas prioridades equivocadas tienen también su paralelo presupuestario. Así, las ayudas públicas (directas, primas y exenciones) al aprovechamiento energético de la biomasa

35. Ministerio de Industria, Turismo y Comercio/IDAE (2005): *Plan de Energías Renovables (2005-2010),* Madrid, p. 158.
36. Aedenat, CCOO, UGT (1995): *Una propuesta para el desarrollo de la energía solar fotovoltaica*, p. 21.

y de biocarburantes alcanzarán en 2005-2010 los 6.513 millones de euros, es decir: *5,8 veces más que los 1.107 millones destinados a la promoción de la energía solar en todas sus formas* (gráfico 5). Ésta es, sin duda, una asignación de dinero público y de prioridades muy desafortunada, habida cuenta de nuestras mejores condiciones y ventajas para la expansión de la energía solar en comparación con la biomasa. Por ello es difícil comprender, por ejemplo, cómo el Ministerio de Industria, Comercio y Turismo está financiando con más de 22 millones de euros de dinero público, por cuatro años, a un grupo de empresas lideradas por Repsol-YPF para la realización de un Proyecto de Investigación y Desarrollo sobre biodiésel. Un proyecto que, por sí solo, supone el equivalente a la mitad del apoyo público a la inversión en instalaciones de energía solar fotovoltaica para 2005-2010, cifrado en 42 millones de euros.[37]

Gráfico 5
Asignación presupuestaria a la promoción de diferentes fuentes energéticas (2005-2010)
(millones de euros)

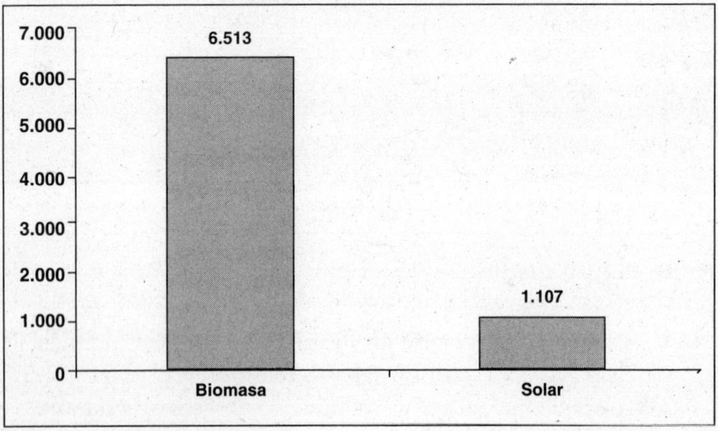

Fuente: PER (2005-2010).

37. PER 2005-2010, pp. 183 y 270.

5. Una propuesta final para avanzar

En las páginas previas he tratado de aportar razones y argumentos para reconsiderar la posición favorable al uso energético de la biomasa y sus derivados (biocombustibles) tanto de una parte del movimiento ecologista, como de las políticas públicas en materia energética. Resumiendo, esta reconsideración debería incluir varios aspectos que, por otro lado, forman parte de nuestra propia tradición desde hace años:

a) Redoblar los esfuerzos en promover una «nueva cultura energética» de gestión de la demanda —por analogía con lo defendido en materia hídrica—, que ponga el énfasis en el ahorro, la eficiencia, la movilidad y la ordenación del territorio como elementos clave para reducir el consumo energético. Ante la pasividad de los poderes públicos en esta materia, parece obligado que, desde el movimiento ecologista, pongamos esta cuestión sobre la mesa antes de discutir cualquier ampliación de la oferta energética cuyos costes ambientales parecen claros.

b) Un decidido apoyo a la energía solar en sus diferentes modalidades como vehículo de sustitución de los combustibles fósiles, habida cuenta las «ventajas comparativas» de nuestro territorio, su menor impacto ambiental, y el escaso apoyo público recibido.

c) Conectar la política de residuos con la biomasa y con el principio de cerrar los ciclos de materiales en los procesos productivos, la promoción de la agricultura ecológica y la lucha contra la erosión. Por esta razón, el uso óptimo de la biomasa y sus derivados debe ser la elaboración de abono orgánico que resulta, claramente, la utilización más idónea en nuestro país.[38]

---

38. Se podrían valorar dos excepciones, muy bien tasadas: a) El uso térmico de la biomasa forestal en poblaciones rurales, ligadas al territorio donde se genera el residuo, y que tradicionalmente le han dado ese uso; y b) el reciclaje de aceites vegetales usados mientras no se encuentre una alternativa mejor para su reutilización. En ambos casos, se trataría, como se ve, de opciones minoritarias, acotadas en el espacio y en el tiempo, y que no justificarían los ambiciosos planes de aprovechamiento energético de la biomasa y los biocombustibles.

Estoy convencido de que aquellos que, dentro del movimiento ecologista, proponen el uso energético de la biomasa y los biocombustibles lo hacen con buena voluntad y piensan honestamente que es una buena solución. Como creo que lo que nos une en el resto de aspectos relacionados con la política ambiental es muy superior a lo que nos separa, propongo que, a la vista de los argumentos presentados, logremos clarificar y reconsiderar nuestra posición sobre este notable asunto. Nos van en juego cosas importantes. Entre ellas avanzar, aunque sea con pequeños pasos, hacia una economía y sociedad más sostenibles. No dejemos, pues, que «el porcentaje de biocombustibles» que nos proponen desde arriba se convierta en una rémora de la que luego tengamos que arrepentirnos.

VII. CHOCANDO CONTRA LOS LÍMITES: VEINTE TESIS SOBRE BIOMASA Y AGROCOMBUSTIBLES

Jorge Riechmann

Un debate muy vivo, y muchas preguntas

Si podemos obtener etanol a partir de cebada, o biodiésel a partir de colza, y con ello hacer funcionar los motores de nuestros automóviles, camiones y autobuses, ¿no se apunta hacia una solución «verde» del problema del transporte? Estos nuevos biocombustibles o agrocarburantes[1] ¿acaso no son energía renovable para hacer funcionar nuestros enormes volúmenes de transporte motorizado?

Las cosas no son tan sencillas, como resulta obvio para cualquiera que haya seguido —siquiera en los medios masivos— el intenso debate sobre agrocombustibles que se viene desarrollando desde 2005-2006. Si cultivamos plantas para el transporte motorizado ¿será posible producir suficiente alimento, fibras y otras materias primas para una enorme población humana que aún sigue creciendo? Si ya el mero anuncio de que EE UU y la UE planean aumentar sus cuotas de consumo de agrocombustibles en los próximos años resulta suficiente para contribuir a disparar los precios de

1. Suele hablarse de agrocombustibles para quemar, y agrocarburantes para transporte motorizado: pero no siempre se respeta esta distinción. Por otra parte, organizaciones como la Coordinadora Campesina Europea precisan que «al término de 'bio-combustibles', preferimos el término 'agro-combustibles' (el petróleo también es un producto resultante de seres vivos)». «Los agro-combustibles industriales no van a contribuir a solucionar ni la crisis agrícola, ni la crisis climática», comunicado de prensa de la CPE (Coordinadora Campesina Europea), 23 de febrero de 2007.

cereales y oleaginosas en los mercados mundiales, ¿qué ocurriría si se tratase de sustituir con estos combustibles «verdes» una porción significativa del desbocado consumo actual de petróleo? Si el tirón del aceite de palma en los mercados mundiales de aceites para alimentación ya viene bastando, en años recientes, para aniquilar enormes extensiones de selva tropical en países como Indonesia y Malasia —empobreciendo a las poblaciones indígenas y poniendo a especies como los orangutanes al borde de la extinción—, ¿qué sucederá si la demanda de aceites vegetales se multiplica, a medida que aumente el consumo de biodiésel? Es obvio que son demasiadas preguntas para tratar de contestarlas en un artículo breve, pero al menos podremos desbrozar inicialmente la cuestión y esbozar algunas ideas.

Aprovechamientos de la biomasa

Entre las formas de energía renovable, sólo la biomasa (la materia viva de microorganismos, plantas... y animales) puede almacenarse sin más, y procesarse para proporcionar otros productos sólidos, líquidos o gaseosos. La biomasa es energía química ya almacenada, por ejemplo en forma de paja o leña, y no requiere baterías u otras tecnologías de almacenamiento: esto supone una gran ventaja.[2] Pero precisamente porque es materia sólida, el cultivo y procesamiento de la biomasa puede causar impactos ambientales significativos. Y no hace falta estar muy informado sobre los problemas socioecológicos

---

2. No obstante, junto a esta ventaja básica hay también una desventaja de fondo: «La eficiencia global de la fotosíntesis es muy baja. Menos del 1% de la energía solar se almacena en forma de biomasa, y no hay muchas posibilidades de mejorar eso. El biocombustible que se puede producir por unidad de superficie y año contiene menos del 0,4% de la energía solar que ha recibido esa superficie en el mismo tiempo. En comparación, las células fotovoltaicas son entre 50 y 100 veces más eficientes en lo que respecta a convertir la energía solar en eléctrica, y necesitan de mucho menos suelo. Los cultivos energéticos son una manera muy poco eficiente de usar el suelo.» Entrevista en *El País* del 12 de septiembre de 2007 con Hartmut Michel, premio Nobel de Química en 1988 —conjuntamente con Johann Deisenhofer y Robert Huber— por determinar, por cristalografía de rayos X y en una bacteria, el funcionamiento en detalle de la fotosíntesis —la reacción más importante del mundo, según el jurado.

causados por la «Revolución Verde» para tener conciencia de que las formas de agricultura (y ganadería) industrial que hoy prevalecen a menudo acarrean un coste humano muy considerable.[3]

Si hablamos de «bioenergía», o biomasa con fines energéticos, hoy por hoy nos estamos refiriendo básicamente a cuatro realidades:

1. *Semillas oleaginosas* (colza, soja, girasol, linaza, etc.). Sus aceites vegetales se pueden transformar fácilmente en biodiésel para uso en el transporte. Este proceso genera además grandes cantidades de subproductos vegetales, que se puede utilizar como combustible conjunto para la generación combinada de calor y electricidad.
2. De las *plantas amiláceas* (trigo, maíz, remolacha, patatas, etc.) se puede obtener etanol por fermentación. Este proceso también genera grandes cantidades de paja y otros residuos biológicos, que cabe utilizar en la generación conjunta de calor y electricidad, o se pueden convertir en etanol utilizando otras tecnologías «de segunda generación» (actualmente en fase experimental).
3. Las *plantas lignocelulósicas* (hierbas, árboles de crecimiento rápido, madera y residuos de madera, etc.) se pueden utilizar para la producción de etanol, de biodiésel sintético (por el procedimiento de Fischer-Tropsch) o para alimentar calderas para la generación conjunta de calor y electricidad. Aquí tenemos todo

---

3. Puede consultarse al respecto mi ensayo *Cuidar la T(t)ierra. Políticas agrarias y alimentarias sostenibles para entrar en el siglo XXI* (Icaria, Barcelona 2003). Ya hoy, observadores cualificados alertan contra las distorsiones que pueden crear los cultivos intensivos para agrocarburantes: «Por ejemplo el municipio de Ribeirao Preto, en el centro de São Paulo, considerado por la burguesía como la California brasilera, por su elevado desarrollo tecnológico en la caña. Hace treinta años, producía todos los alimentos, tenía campesinado en el interior y era una región rica con distribución equitativa de la renta. Ahora es un inmenso cañaveral, con unas treinta usinas que controlan toda la tierra. En la ciudad hay cien mil personas que viven en favelas. Y la población carcelaria es de 3.813 personas (sólo adultos), mientras la población que vive de la agricultura y tiene trabajo allí son solamente 2. 412 personas contando los niños. Ése es el modelo de sociedad del monocultivo de la caña. Hay más gente en la cárcel, que en la agricultura.» Entrevista de Carlos Vicente a Joao Pedro Stedile, dirigente del MST (Movimiento de los Sin Tierra). *Biodiversidad* 53, julio de 2007, p. 3-4.

un arco que va desde los aprovechamientos más primitivos (quemar leña en hogares abiertos) hasta los más avanzados, aún en fase experimental (cuando se habla de *agrocombustibles de segunda generación*,[4] precisamente el «producto estrella» es el etanol lignocelulósico, al que se anudan muchas esperanzas tecnológicas).[5]

4. Los *residuos domésticos biodegradables, el estiércol*, etc., pueden servir para producir biogás. El gas que se genera es metano, que tiene propiedades similares al gas natural —de origen fósil— y, por lo tanto, puede servir para los mismos usos, por ejemplo como combustible para transporte, o en la generación conjunta de calor y electricidad.

Veinte tesis sobre biomasa y agrocombustibles. Para empezar: un debate con implicaciones de muy largo alcance

1. El debate sobre agrocombustibles y agrocarburantes tiene implicaciones de muy largo alcance. Por una parte, *está íntimamente conectado con la crítica del insostenible modelo actual de transporte* (y, por ahí, con la crítica de la globalización neoliberal). Por otra parte, *las futuras sociedades sostenibles de-*

---

4. Más allá de la «primera generación» hoy operativa —básicamente, bioetanol a partir de caña de azúcar, cereales o remolacha, y biodiésel a partir de semillas oleaginosas. Estos agrocarburantes de «primera generación» pueden utilizarse mezclados con un bajo porcentaje de combustibles convencionales en la mayor parte de los vehículos actuales, y distribuirse a través de las infraestructuras existentes.

5. Sus defensores afirman que el etanol celulósico contiene entre cuatro y seis veces más energía que la invertida en su producción (Crystal Davis: «Global biofuel trends», *Earth Trends Update* de marzo de 2007). Esta *ratio* es mucho peor en el bioetanol «de primera generación» a partir de cereales, remolacha o patata.

Otra idea tecnológicamente esperanzadora es ir a la base de la cadena alimentaria marina, el fitoplancton, para obtener biodiésel. «Más del 50% de la masa de las decenas de miles de especies de algas que componen el fitoplancton en los océanos es aceite. ¿Para qué quieren tanta grasa? Simplemente porque tiene menos densidad que el agua y flota en el mar con el fin de estar cerca de la superficie donde llega la luz solar, que es la mitad de su dieta junto al dióxido de carbono en la fotosíntesis.» Gustavo Catalán Deus en *El Mundo,* 28 de mayo de 2007.

berán basarse ampliamente en recursos renovables, lo cual quiere decir: energías renovables (en lo que hace a energía) y biomasa (en lo que hace a materiales). Así, en los decenios próximos se incrementará constantemente la competencia por un recurso básico y escaso: el suelo fértil. *La producción basada en recursos fósiles y minerales retrocederá en beneficio de la producción basada en biomasa* (no sólo alimentos, fibras y agrocombustibles, sino también, por ejemplo, materiales básicos para la química verde), lo cual por una parte *introducirá nuevas tensiones en agrosistemas y ecosistemas ya muy tensionados*, y por otra parte *acrecentará el peso económico y sociológico del agro.*

Una cuestión de escala

2. Hoy, según la FAO, la biomasa proporciona el 14% de la energía primaria mundial (a los países del Sur, eufemísticamente llamados «en vías de desarrollo», les proporciona aproximadamente un tercio de su energía).[6] Pero *el uso de «bioenergía» no es sostenible per se:* basta con caer en la cuenta de que los combustibles fósiles —cuyo uso, desde hace decenios, es manifiestamente insostenible—, al fin y al cabo, también constituyen una forma de bioenergía (biomasa fosilizada, precisamente). La biomasa es un recurso natural renovable, pero abusar del mismo lo transforma en no renovable. *El problema, sobre todo, es de escala*: ciclos productivos sostenibles a escala pequeña y local pueden convertirse en insostenibles a gran escala, y en un mundo globalizado.

El debate actual sobre agrocombustibles y agrocarburantes muestra que *seguimos teniendo inmensas dificultades para interpretar los problemas ecológicos como problemas esencialmente de escala* (sistemas socioeconómicos demasiado grandes en relación con la biosfera que los contiene). ¡Incluso el movimiento ecologista, en este debate, tiene dificultades para situarse a la altura de sus propios valores y conocimientos!

6. Aunque algunos países del Norte emplean biomasa en grandes cantidades: en Austria supone el 14% de la energía primaria, en Suecia el 18%, en Finlandia el 20%. En el promedio de la UE-15 y en EE UU representa el 4% aproximadamente.

El problema de fondo es el sobreconsumo energético

3. *El problema de fondo es el sobreconsumo energético*: de ahí la importancia decisiva de la autolimitación (ahorro y conservación de la energía). En 2003, el biólogo Jeffrey Dukes (Universidad de Utah, EE UU) calculó que los combustibles fósiles que quemamos en un año se formaron en tiempos prehistóricos a partir de materia orgánica «que contenía 44 x 10 elevado a 18 gramos de carbono, lo cual es más de 400 veces la productividad primaria neta de la biota actual del planeta». En el muy ineficiente proceso de convertir biomasa prehistórica en petróleo o gas natural, para llegar a un galón de gasolina (que procede de 4'87 kilogramos de petróleo) fueron necesarias nada menos que 98 toneladas de biomasa prehistórica.[7] Para decirlo claramente, eso significa que cada año utilizamos el equivalente a cuatro siglos de plantas prehistóricas (incluyendo el fitoplancton). O que cada día usamos el equivalente en combustibles fósiles de toda la nueva materia vegetal que tarda más de un año en crecer sobre la tierra y en los océanos. *Sólo este calculo evidencia que la idea de que podemos simplemente reemplazar la herencia fósil —y la extraordinaria densidad energética que nos da— por energía de la biomasa, constituye un enorme autoengaño.*

En particular, *intentar mantener los niveles actuales de consumo de carburantes para transporte es insensato*, ya provengan los mismos de combustibles fósiles o de biomasa.[8] Como dicen

---

7. Véase Dukes, Jeffrey S., 2003: «Burning buried sunshine: human consumption of ancient solar energy», *Climatic Change* 61 (1-2), p. 31-44. Un resumen del mismo en http://web.utah.edu/unews/releases/03/oct/gas.htm. Otro cálculo del mismo artículo de Dukes: es cierto que podemos aprovechar con mayor eficiencia la biomasa de plantas actuales, ya sea quemándolas, ya transformándolas en agrocombustibles. Aun así, el consumo anual de combustibles fósiles —siempre con datos de 1997— equivale al 22% de todas las plantas terrestres (lo cual supone un incremento de más del 50% respecto a la cantidad de plantas que ahora arrancamos o eliminamos cada año).

8. Según estimaciones del Ministerio de Agricultura, Pesca y Alimentación (MAPyA), el potencial máximo de biomasa en España —excluyendo cultivos agroenergéticos— sería de 11 Mtep (millones de toneladas de equivalente de petróleo). Pero con grandes problemas de logística, que hacen que el potencial realmente aprovechable quede bastante por debajo de esa cifra (sin entrar en el espinoso problema de los usos alternativos). Una tonelada de equivalente de

los Sin Tierra de Brasil, «el modelo actual de desperdicio energético y de transporte individual debe ser sustituido por un modelo fundado en el transporte colectivo».

En una perspectiva de sostenibilidad, hemos de promover el uso de recursos renovables a expensas de los no renovables: pero desde la clara conciencia de que *la mera sustitución de unos por otros, dentro del marco actual, no supondrá avances significativos.*[9] Es menester cambiar ese marco —las pautas actuales de producción y consumo— de forma que se vuelva factible reducir drásticamente el consumo de energía y materiales en el Norte sobredesarrollado —y a escala mundial—, asegurando al mismo tiempo la razonable satisfacción de las necesidades humanas básicas.

Agrocombustibles sostenibles: nada más que una pequeña aportación

4. *«Biocombustibles» o «agrocombustibles» son muchas cosas diferentes, y hay que distinguir.* No se puede resolver el debate con un «sí a todo» o con un «no a todo». Una cosa es el aprovechamiento de biomasa residual (p. ej. biodiésel a partir de aceites usados) y otra muy distinta el uso de superficies agrarias para cultivos energéticos (p. ej. plantaciones para aceite de palma en zonas tropicales) *en un planeta que es un full-world,* que ya

---

petróleo (tep) equivale, aproximadamente, a tres toneladas de leña seca. En cuanto a los cultivos energéticos, el MAPyA prevé que proporcionen 1,9 Mtep para 2010, tal y como se dijo en la jornada «Energías renovables: una alternativa para la agricultura del siglo XXI», organizadas por UPA en el Ministerio de Medio Ambiente, 21 de junio de 2007. Ahora bien: el consumo anual de energía primaria en España ronda los 145 Mtep (145.841 Ktep en 2005); más de las 4/5 partes proceden de los combustibles fósiles. Por tanto, en un escenario de uso intensivo con recursos nacionales la biomasa apenas podría proporcionar el 7% del consumo actual de energía primaria, según las cifras oficiales.

9. Una productiva discusión de estas cuestiones en Stefan Bringezu y otros, *Towards a sustainable biomass strategy,* Wuppertal Paper 163, Instituto Wuppertal, junio de 2007. Los autores insisten en que el uso «en cascada» de la biomasa —primero para fabricar productos materiales, y luego recuperando el contenido energético de los mismos; esto es, primero biomateriales y luego bioenergía— permitiría mejorar mucho la eficiencia de su aprovechamiento.

está lleno o saturado ecológicamente. Por lo que hoy sabemos, en el desarrollo de sus plantaciones Indonesia —orientada al mercado mundial— parece estar haciéndolo muy mal, mientras que Uruguay —con un modelo de desarrollo autocentrado— parece hacerlo bastante bien, etc.

5. Pero, por desgracia, *los agrocombustibles y agrocarburantes sostenibles sólo harían una pequeña aportación* al actual consumo energético;[10] *aportaciones significativas serían sin duda insostenibles.* Por tanto, no suponen ninguna panacea para la crisis energética.

En 2005, EE UU transformó el 18% de su cosecha de maíz (55 millones de Tm) en etanol para automoción: eso sólo supone el 1% del uso de petróleo en ese país, y el 3% del consumo de combustible destinado a la automoción.[11] Un reciente estudio sobre impacto agrícola de los biocarburantes realizado en Estados Unidos concluye que si se destinara a la producción de etanol y biodiésel toda la producción de maíz y de soja de este país (¡un gigante agropecuario y un campeón de la agroexportación!), sólo se cubriría un 12% de la demanda interna de gasolina y el 6% del gasóleo.[12]

Un par de cálculos sobre necesidades de suelo

a) La hierba *switchgrass* tiene un excelente balance energético, mucho mejor que los otros cultivos para agrocarburantes: el cociente salidas de energía (como biomasa)/ entradas de ener-

---

10. Se puede ciertamente fabricar biodiésel con aceites usados: pero, en un país como el Reino Unido, ello sólo proporcionaría unas 100.000 toneladas anuales, 1/ 380 de la demanda de combustible para el transporte por carretera. George Monbiot, «Fuel for nought. The adoption of biofuels would be a humanitarian and environmental disaster», *The Guardian*, 22 de noviembre de 2004.

11. Datos de David Pimentel y Lester R. Brown: «Supermarkets and service stations now competing for grain», boletín del *Earth Policy Institute*, 13 de julio de 2006.

12. J. Hill, E. Nelson, D. Tilman, S. Polansky y D. Tiffany. «Environmental, economic and energetic costs and benefits of biodiesel and ethanol biofuels». *Proceedings of the National Academy of Sciences of the United States of America* vol. 103, No. 30. 11206-11210. 25 de julio de 2006.

gía es 14,52. Sin embargo, un rápido cálculo muestra que *aunque todas las fincas de los Estados Unidos fuesen convertidos en productoras de pasto switchgrass, no producirían suficiente etanol celulósico para abastecer el consumo actual de combustibles fósiles.*[13] En efecto, el pasto *switchgrass* tarda varios años en madurar. La cosecha puede ir desde un rango de cero —pérdida completa—, hasta obtener 20 Ton o más por hectárea, dependiendo de la cantidad de lluvias. Una cosecha de 15 Ton/ha es considerada buena y puede proveer cerca de 250 GJ/ha de energía química bruta al año. Si esta energía se convierte con un 70% de eficiencia en electricidad, etanol, metanol etc., serían necesarios al menos 460 millones de hectáreas para producir los 80 EJ (1 ExaJulio = 10 elevado a la 18 julios) de energía fósil usada en los Estados Unidos cada año. Pero el total de tierras agrarias de Estados Unidos asciende a 380 millones de hectáreas, de las cuales 175 millones se destinan a cultivos cosechables.

b) Según un estudio de la OCDE de 2006, en Europa tendríamos que destinar *el 72% de la superficie agraria a cultivos energéticos para producir sólo el 10% de los carburantes* consumidos. En Estados Unidos —el mayor exportador mundial de cereales y de oleaginosas hasta hace poco- la superficie destinada a este tipo de producción sería el 30% de las tierras de cultivo; en Canadá el 36%; en Brasil el 3% (con mejores rendimientos agrícolas y menos consumo de combustible); *en el mundo como un todo, el 9%.*[14]

---

13. Seguimos aquí a Mae-Wan-Ho, «Biofuels for oil addicts, cure worse than addiction?», en AAVV, *Which Energy? 2006 Energy Report from the Institute of Science in Society*, ISIS 2006. Puede consultarse en http://www.twnside.org.sg/title2/par/whichEnergy.pdf

14. *Agricultural Market Impacts of Future Growth in the Production of Biofuels*. OCDE, febrero 2006. Puede consultarse en www.oecd.org/dataoecd/58/62/36074135.pdf. Supuestos del estudio: rendimientos agrícolas y tecnologías actuales, sin comercio internacional, y sin usar tierras marginales o apartadas de la producción (los porcentajes se refieren a la superficie de cultivo actual).

c) Según las cifras oficiales de la Comisión Europea en su Plan de Acción sobre la Biomasa (COM (2005) 628 final), para el 5,75% de agrocarburantes necesitamos el 17,5% de la SAU (Superficie Agraria Útil europea). Entonces, una sencilla regla de tres muestra que *para el 10% de biocarburantes hace falta el 30,4% de la SAU*, y 100% de biocarburantes exigiría más del 300% de la SAU, *más de tres veces el total de tierras cultivables de la UE.*

d) Según otro estudio —publicado en *Science* en agosto de 2007—, el reemplazo del 10% de la gasolina y el diésel convencional por agrocarburantes requeriría del cultivo del *38% de la superficie agrícola de Europa y el 43% de la de Estados Unidos.*[15]

De manera general, *una sociedad basada en energías renovables* (incluyendo la energía procedente de biomasa) *resultará sostenible sólo con niveles de consumo energético muy inferiores* a los que hoy prevalecen en los países industrializados. El intento de mantener los niveles de consumo con mera sustitución de fuentes —introduciendo, por ejemplo, mucho agrocombustible o mucha energía nuclear— lleva previsiblemente al desastre.

Los problemas principales

6. Cuando, estos últimos años, tanto Estados Unidos como la Unión Europea han puesto en marcha planes y normativas para incrementar sustancialmente su uso de agrocarburantes,[16] se han al-

15. Renton Righelato y Dominick Spracklen, «Carbon mitigation by biofuels or by saving and restoring forests?», *Science* 17 de agosto de 2007, vol. 317 num. 5840, p. 902.

16. La Directiva 2003/30/CE del Parlamento Europeo y el Consejo, de 8 de mayo de 2003, relativa al fomento del uso de biocarburantes u otros combustibles renovables en el transporte, fijó el objetivo de un 5'75% de los combustibles para transporte en 2010. (El objetivo intermedio para 2005, una cuota del 2% de biocarburantes, no se alcanzó.) Por otra parte, se aprobaron un

zado numerosas voces críticas, tanto en el Norte como en el Sur del planeta. *Los problemas principales —¡y son muy graves!— de los agrocombustibles y agrocarburantes importados son la deforestación y destrucción de ecosistemas* (presiones en zonas ecosensibles ya muy amenazadas, como las selvas tropicales); los *efectos sobre la fertilidad del suelo, la disponibilidad y calidad del agua y la utilización de plaguicidas; los desplazamientos de cultivos* (que pueden en peligro la seguridad alimentaria); y la *expulsión de poblaciones* en amplias zonas del mundo.[17] Y ello ¡sin lograr reducir significativamente el uso de combustibles fósiles, si no cambian a fondo las pautas de producción y consumo!

Los investigadores Renton Righelato (del World Land Trust) y Dominick Spracklen (de la Universidad de Leeds) han comparado el ahorro de dióxido de carbono en plantaciones para agrocarburantes con la absorción de este gas de efecto invernadero por parte de bosques a lo largo de treinta años, llegando a la conclusión de que *la forestación almacena en ese plazo entre dos y nueve veces tanto* CO_2 *como el que evitaría ser emitido* por el uso de una superficie similar para la obtención de biocombustibles. Así, la emisión de dióxido de carbono por la quema de biocombustibles hasta podría superar a la de la combustión de productos derivados del petróleo. Según los investigadores, el énfasis de la política contra el calentamiento global

---

Plan de acción sobre la biomasa (COM, 2005) 628, adoptado el 7 de diciembre de 2005 y una *Estrategia de la UE para los biocarburantes* (comunicación de la Comisión, COM(2006) 34 final, de 8 de febrero de 2006.) Finalmente, el Consejo Europeo de marzo de 2007 fijó el objetivo de un 10% de biocombustibles respecto al consumo total de gasolina y gasóleo para transporte en 2020.

17. Por no referirme sino a una de estas cuestiones, los requerimientos de agua en un mundo que ya padece escasez de agua potable: si consideramos no sólo las fases de elaboración industrial de la agroenergía, sino también la fase de cultivo, entonces se aprecian los enormes requerimientos de agua. En promedio mundial, la biomasa necesaria para producir un litro de agrocombustible evapora entre 1.000 y 4.000 litros de agua. En la húmeda Brasil son necesarios 2.200 litros de agua de lluvia por cada litro de etanol de caña. En la árida India se precisan 3.500 litros de agua de regadío por cada litro de etanol de caña (datos del International Water Management Institute (IWMI), con sede en Sri Lanka. Pueden consultarse en http://www.scidev.net/content/opinions/eng/biofuel-crops-could-drain-developing-world-dry.cfm.

debería situarse en el *aumento de la eficiencia del uso de combustibles fósiles combinado con la inversión en otras fuentes de energía renovable*, además de la *reforestación de las tierras cultivables que no están siendo usadas para la producción de alimentos*. El estudio publicado en la revista *Science* es uno de los primeros que analiza las emisiones de carbono durante todo el circuito de producción de agrocombustibles.[18]

En un reciente estudio de la OCDE se señala que: «Entre las tecnologías actuales, sólo el etanol a partir de caña azucarera en Brasil, el etanol como subproducto de la producción de celulosa (como en Suecia o Suiza) y el biodiésel a partir de aceites usados pueden reducir sustancialmente las emisiones de GEI (gases de efecto invernadero) comparados con la gasolina y el diésel convencional. Las otras tecnologías convencionales para biocarburantes típicamente ofrecen reducciones de GEI menores del 40% en comparación con los carburantes fósiles. Cuando se tomen en cuenta impactos como la acidificación de suelos, uso de fertilizantes, pérdida de biodiversidad y toxicidad de plaguicidas, el impacto ambiental del bioetanol y el biodiésel fácilmente puede exceder el de los carburantes fósiles.»[19]

Un estudio suizo muy completo del Instituto EMPA (encargado por el gobierno suizo) ha realizado Análisis de Ciclo de Vida para una gran variedad de agrocarburantes, comparando sus impactos ambientales totales (no sólo en emisiones de GEI). *En muchos casos, estos impactos son mayores para los agrocarburantes que para los carburantes fósiles* (sobre todo por los impactos causados en la fase de cultivo). Así, por ejemplo, el diésel convencional tiene un impacto de 185 UBP *(Umweltbelastungspunkte,* «puntos de impacto ambiental»); el biodiésel a partir de colza en Suiza, 350 UBP; y el biodiésel brasileño a partir de soja, 540 UBP. La gasolina fósil, 200 UBP; el etanol a partir de caña de azúcar en Brasil, 250

18. Renton Righelato y Dominick Spracklen, «Carbon mitigation by biofuels or by saving and restoring forests?», *Science* 17 de agosto de 2007, vol. 317 num. 5840, p. 902.

19. Richard Doornbosch y Ronald Steenblik, *Biofuels: Is the Cure Worse Than the Disease?,* OCDE, París, septiembre de 2007. Puede consultarse en http://media.ft.com/cms/fb8b5078-5fdb-11dc-b0fe-0000779fd2ac.pdf.

UBPP; el etanol a partir de maíz en EE UU, 520 UBP; el etanol a partir de patatas en Suiza, 970 UBP.[20]

Tratemos de distinguir

7. Tratemos de avanzar un poco en el «distinguir» (tesis 4). En mi opinión, *hay poco que objetar al aprovechamiento de la biomasa residual* (p. ej., restos de cosecha, residuos orgánicos de la industria agroalimentaria o lodos de depuradoras)... excepto, para una fracción importante de la misma y para bastantes países del mundo (entre ellos España), que se desaproveche la ocasión de enriquecer los suelos empobrecidos con aportes de materia orgánica. Como la biomasa sólo puede emplearse una vez, en bastantes casos *favorecer los agrocombustibles puede significar perjudicar la agricultura ecológica.*

8. *Tampoco parece objetable la obtención de agrocarburantes como subproducto:* biodiésel de aceite de soja, por ejemplo, cuando la soja no es importada masivamente (puesto que todo el contenido proteico de la soja se aprovecha como producto principal);[21] o bioetanol como subproducto de «biorrefinerías» cuya producción principal sean materiales para la química verde.[22]

---

20. Rainer Zah y otros, *Ökobilanz von Energieprodukten: ökologische Bewertung von Biotreibstoffen,* Berna, mayo de 2007. Puede consultarse en http://www.news-service.admin.ch/NSBSubscriber/message/attachments/8514.pdf

21. El llamado *seedcake* de soja (o de maíz) es el subproducto de proteína concentrada que queda luego de que el combustible ha sido extraído, y que puede ser utilizado como alimento de animales. Que el contenido proteico de la soja, el maíz o el trigo siga disponible después de la extracción del agrocarburante ha de tenerse en cuenta a la hora de estudiar los conflictos entre producción de biocombustibles y seguridad alimentaria.

22. Para producir de forma económica y eficiente, junto con los agrocombustibles, otros «bio-productos», deberían desarrollarse «bio-refinerías», análogas a las actuales refinerías de petróleo, donde el crudo es convertido en combustibles y otros productos como fertilizantes y plásticos. Es importante recordar que la biomasa puede sustituir no sólo a los carburantes derivados de los combustibles fósiles, sino a los productos de la petroquímica. En el caso de las biorrefinerías, la biomasa vegetal produciría una diversidad de productos como pienso para animales, agrocombustibles, productos químicos, polímeros, lubricantes, pegamentos, fertilizantes... David Morris —del Institute for Local

Pero hay que tener claro que de aquí sólo saldrían *pequeñas cantidades de agrocarburantes* (en comparación con los enormes consumos actuales).

9. *Hemos de defender la preferencia de los usos alimentarios de la tierra, y la soberanía alimentaria:* «deben encontrarse otras alternativas a los combustibles, pero tengan por seguro que no hay ninguna otra alternativa a la comida» (Lester R. Brown). Incluso analistas más bien conservadores, como los economistas de la Universidad de Minnesota Runge y Senauer, advierten en revistas más bien conservadoras como *Foreign Affairs* contra la «fiebre» del etanol a partir de cereales. Argumentan que si los planes estadounidenses de producir etanol de maíz siguen adelante, podría haber en 2025 1.200 millones de personas padeciendo hambre y desnutrición: 600 millones más de los que se proyectaban previamente.[23]

Self-Reliance—, que ha estudiado este asunto, subraya que los productos bioquímicos son en realidad mucho más valiosos que los agrocombustibles (entre dos y diez veces, en los mercados actuales): los segundos serían una suerte de subproductos de los primeros. La biomasa que entrase en una de estas biorrefinerías proporcionaría en su uso final: más o menos un tercio de productos bioquímicos, un tercio de carburantes, y un tercio de energía —térmica y eléctrica– para el funcionamiento de la propia planta (David Morris: *The Carbohydrate Economy, Biofuels and the Net Energy Debate.* Institute for Local Self-Reliance, Minneapolis 2005, p. 4) . El proyecto BIOCOUP, financiado por el VI programa marco de la UE, trata de estimular la transformación de las refinerías petroquímicas en biorrefinerías capaces de procesar biomasa con el fin de producir energía y sustancias químicas.

En Alemania, la biomasa proporciona hoy aproximadamente el 10% de las materias primas orgánicas que precisa la industria química (dos terceras partes son importadas). En EE UU la biomasa proporciona el 5%, y se ha aprobado el objetivo político de elevar este porcentaje al 25% en 2030. Pero si se quisiera abastecer con biomasa todos los requerimientos de la industria química actual, en un país como Alemania ello exigiría la mitad de toda la tierra cultivable del país; y con ello sólo se sustituiría el 5% del consumo de materias primas fósiles del país. También a la hora de sustituir los productos de base mineral por biomateriales, la disponibilidad de tierra cultivable impone severos límites. (datos de Stefan Bringezu y otros, *Towards a sustainable biomass strategy,* Wuppertal Paper 163, Instituto Wuppertal, junio de 2007, pp. 16 y 18).

23. C. Ford Runge y Benjamin Senauer: «How Biofuels Could Starve the Poor», *Foreign Affairs*, mayo/ junio de 2007. Puede consultarse en http://www.foreignaffairs.org/20070501faessay86305/c-ford-runge-benjamin-senauer/how-biofuels-could-starve-the-poor.html.

10. Tal y como han defendido Óscar Carpintero y otros, *también debería tener preferencia la biomasa para compost y para biofumigación*—en lugares como España, seco país mediterráneo sin grandes excedentes de biomasa— *frente a los biocarburantes.*[24]

11. *Uso energético e industrial sostenible de la biomasa querría decir: pequeñas plantas eléctricas, plantas de procesamiento y biorrefinerías junto a los campos de cultivo autóctonos.* Y no quiere decir: enormes plantas de biocarburantes junto a los puertos de mar, para recibir cereales y semillas desde fuera. Pero *lo segundo es lo que se está construyendo en España.*[25]

El objetivo del 10% en la UE ¿es asumible?

12. El transporte motorizado en la UE se apoya sobre todo en el gasóleo (EE UU es más proclive a la gasolina). En España, por ejemplo, se consumen más de tres litros de gasóleo por cada litro de gasolina.[26] Por eso, *el objetivo europeo del 10% de agrocarburantes respecto al consumo total de gasolina y gasóleo*

---

24. Óscar Carpintero, «Biocombustibles y uso energético de la biomasa: un análisis crítico», *El Ecologista* 49, otoño de 2006. El agroecólogo español Antonio Bello insiste en la importancia de utilizar parte de la biomasa excedente (incluyendo los subproductos de los agrocombustibles) en protección vegetal (tratamientos de biofumigacion o biodesinfección), y no sólo como fertilizantes.

25. Según APPA a finales de 2006 funcionaban en España 16 plantas de biocombustible que produjeron 445.577 toneladas: 321.000 de bioetanol y 124.577 de biodiésel. (Esta cifra es un 44% superior a la alcanzada el año anterior, pero no es absorbida por la demanda interna.) Estas plantas se sitúan sobre todo en puertos marítimos o cerca de la costa, lo cual indica que van a recibir la materia prima desde fuera del país. Sobre todo si se tiene en cuenta el fuerte déficit cerealista de nuestro país (vinculado con su gran cabaña ganadera, sobre todo en porcino y avicultura de carne): la producción normal es de 20-23 millones de Tm/año, y el consumo de 30-32 millones de Tm/año. En 2007, año de buena cosecha, se produjeron algo más de 11 millones de toneladas de cebada, más de 5 millones de trigos blandos, 1,5 millones de trigos duros, más de un millón de toneladas de avena, y 4 millones de toneladas de maíz. Total, 23 millones de toneladas.

26. En España, en 2006, se consumieron 24'6 millones de tep en gasóleo, y 7'2 millones de tep en gasolina.

para transporte en 2020 (Consejo Europeo de marzo de 2007) *significa importación masiva de biodiésel* (o de aceites para fabricarlo).[27] Y eso, dada la mayor productividad de la palma aceitera, el menor coste de su explotación y la debilidad de las instituciones para la protección del medio ambiente en los países del Sur, *implica casi necesariamente más deforestación en los países tropicales* exportadores de agrocombustibles.[28] Esto lo reconocen estudios oficiales de la propia UE: «Dado que la disponibilidad de tierra para cultivos energéticos es limitada en Europa, y que el contenido energético de los cultivos energéticos europeos —como por ejemplo la colza— es más bajo que el aceite de palma o de soja, la importación de biomasa sería la única opción futura para cumplir con todos los objetivos de las Directivas. Como éstas no imponen estándares mínimos para la producción de biocarburantes, el resultado podrían ser grandes impactos sobre hábitats, biodiversidad, suministro de agua y suelos [en los países exportadores]. Un creciente mercado europeo de biocarburantes puede proporcionar estímulos para cosechas excesivas y el

27. En España entre el 65% y el 95% del biodiésel será importado, o fabricado a partir de materia prima importada (para el objetivo del 5,75%), según las estimaciones del MAPyA y del sector (UPA, APPA) (jornada «Energías renovables: una alternativa para la agricultura del siglo XXI», organizadas por UPA en el Ministerio de Medio Ambiente, 21 de junio de 2007). El comisario europeo de comercio, Peter Mandelson, defiende que «Europa debe estar preparada para importar gran parte del biocarburante que consuma» (A. Carbajosa, «La UE advierte a Brasil del coste social del etanol», *El País,* 6 de julio de 2007).

28. «Aquellos que se preocupan del volumen y de la intensidad de la agricultura actual, deberían considerar cómo serían los cultivos si estuviesen dirigidos por la industria del petróleo. Es más, si intentáramos desarrollar un mercado del biodiésel procedente de la semilla de colza, saltaría inmediatamente al mercado del aceite de palma y de soja. El aceite de palma puede producir cuatro veces más de biodiésel por hectárea que la colza y crece en lugares en los que la mano de obra es barata. Los cultivos son ya una de las mayores causas de destrucción de las selvas tropicales. La soja tiene un menor rendimiento que la colza, pero el aceite es un subproducto de la producción de alimentación animal. Si se abre un nuevo mercado para ello, se estimularía una industria que ya ha destruido la mayoría del 'cerrado' brasileño (uno de los lugares del mundo con mayor biodiversidad) y gran parte de las selvas húmedas.» George Monbiot, «Fuel for nought. The adoption of biofuels would be a humanitarian and environmental disaster», *The Guardian*, 22 de noviembre de 2004.

establecimiento de nuevas plantaciones, desembocando en cultivos agrícolas aún más intensivos. Dado que los países productores son por ejemplo Malasia, Indonesia o la región amazónica, ello puede conducir a una destrucción aún mayor de las selvas tropicales.»[29]

13. Por ello, creo que en las condiciones actuales hay que pedir la *abolición de los objetivos obligatorios para agrocarburantes en la UE*, que no podrán alcanzarse sin fortísimos impactos socioecológicos en los países del Sur. Lo que necesitamos no son objetivos obligatorios para agrocarburantes (ya el 5'75% es demasiado, en las circunstancias actuales), sino objetivos obligatorios de reducción de la movilidad individual motorizada. También deberíamos reivindicar la *eliminación de los subsidios para agrocarburantes importados del Sur en la UE.*

En países que de verdad practiquen un *modelo de desarrollo autocentrado*, con un *parque automovilístico pequeño*, cabe concebir una producción sostenible de agrocombustibles y agrocarburantes. (Uruguay puede ser un caso así.) Pero desde luego *no es eso lo que tenemos en Brasil, Indonesia, o Malasia* (países del Sur orientados a la exportación); *ni en la UE, EE UU o Japón* (países del Norte que planean alimentar su bulimia de transporte con importaciones).

La cuestión de los rendimientos

14. No podemos obviar el grave problema de los *bajos rendimientos energéticos de los biocarburantes* (con balances negativos en algunos casos). ¿Vamos a hacernos trampas en el solitario?[30]

---

29. DG Internal Policies of the Union: *Security of Energy Supply* (estudio del Parlamento Europeo y la DG Políticas Internas), IP/A/ITRE/ST/2006-3 y PE 375.854, Bruselas 2006, p. 78.

30. Por ejemplo, y según un estudio francés asumido por la CPE (Coordinadora Campesina Europea), la eficiencia energética está en torno de 1 para el etanol de maíz (1,00 = misma cantidad de energía gastada en la producción que el contenido energético en el producto final); 1,06 para el etanol de trigo (1,35 si se integran las economías generadas por la utilización en alimentación animal de los coproductos); 1,14 para el etanol de remolacha (1,25 si se integran las economías...); 1,66 para el éster de colza (2,23 si se integran las economías...).

Los trabajos de Pimentel que analiza Óscar Carpintero en su contribución a este volumen (y en particular el artículo de 2005, junto con Patzek[31]) han estimulado otros estudios de varios ministerios del gobierno de los Estados Unidos, que acusan a Pimentel y Patzek de usar fórmulas no actualizadas o de no contar la energía contenida en subproductos como el *seedcake* de soja y maíz (residuos que quedan luego de que el combustible ha sido extraído) que puede ser utilizado como alimento de animales.[32] Pero Pimentel y Patzek sí incluyen en sus cálculos la energía necesaria para construir las plantas procesadoras, la maquinaria agrícola, etc., que no se suele incorporar en este tipo de análisis. Ellos critican las estimaciones que dan un balance positivo precisamente porque dejan de lado toda esta inversión en energía que fue necesaria para obtener el biocarburante, y que es necesaria si verdaderamente hemos de considerar el ciclo de vida completo.[33]

Un nuevo estudio que compara seis estimaciones del balance energético en la obtención de etanol subraya que «los cálculos de energía neta son muy dependientes de los supuestos sobre con la asignación de los co-productos».[34] Los análisis, lle-

---

El aceite puro de colza prensado en la explotación tiene resultados mejores (1,88 y 3,8), especialmente del punto de vista de las emisiones de CO_2. Sólo el etanol de caña de azúcar obtiene resultados energéticos buenos. Pero Europa apenas lo produce (sólo es cultivable en algunos territorios franceses u holandeses de ultramar, en Canarias, o en el sur de España y Portugal). Véase el estudio de EDEN en http://www.espoir-rural.fr/images/stories/section/agrocarburants%20%20synthese%20eden%202006.pdf»

31. D. Pimentel y TW. Patzek, «Ethanol production using corn, switchgrass and wood; biodiesel production using soybean and sunflower». *Natural Resources Research* 2005, 14, pp. 65-76.

32. No cabe obviar el contabilizar la energía de los productos asociados, que puede ser grande. Por ejemplo, sólo el 18% de la soja es aceite que sirve para biodiésel, mientras que el resto es pasta de soja de alto contenido proteico (*seedcake*) que sirve como alimento animal.

33. De hecho, ni Pimentel/ Patzek ni sus críticos han incluido los costes del tratamiento de desperdicios y desechos, o los impactos ambientales de los cultivos bioenergéticos intensivos (como la pérdida de suelos y la contaminación por el uso de fertilizantes o plaguicidas).

34. AE Farrell, RJ Plevin y otros: «Ethanol can contribute to energy and environmental goals». *Science* 2006, 311, pp. 506-508.

vados a cabo por investigadores de la Universidad de Berkeley en California, y publicados por la revista *Science* en enero del 2006, incluyen los cálculos de Pimentel y Patzek. Desarrollaron un modelo para comparar los datos y supuestos de todas las estimaciones. El balance energético negativo obtenido por Pimentel y Patzek destacaba entre los otros por incluir la energía usada para la construcción y funcionamiento de las plantas procesadoras, la maquinaria agrícola, y la subsistencia de los trabajadores; y también por no considerar los co-productos. Ahora bien, *si se eliminan estos factores «inconmensurables», el resultante balance energético positivo resulta muy modesto*: apenas entre 3 Mj/litro y 8 Mj/litro de etanol, lo que significa entre 1,13 y 1,34 en la relación salidas/ entradas de energía (hay 23,4 MJ en un litro de etanol), mientras la reducción de emisiones de gases con efecto invernadero es de cerca del 13%.

Los científicos entonces usaron los «mejores datos» de los seis análisis para «crear» tres casos de estudio con sus respectivos modelos, todos ellos hipotéticos: *Ethanol Today*, que incluye los valores típicos de la actual industria de etanol a partir de maíz; *CO_2 Intensive*, basada en los planes de enviar maíz por barco desde Nebraska a una planta de etanol que funciona con energía de lignito, en el Norte de Dakota; y *Cellulosic*, que supone que la producción de etanol de celulosa a partir de pasto *switchgrass* es ya técnicamente posible y rentable. En los tres casos hipotéticos, los investigadores encontraron un balance positivo de energía: 23 MJ/litro de etanol para *Cellulosic* (muy significativo), 5 MJ/litro para *Ethanol Today*, y 1,2 MJ/litro para *CO_2 Intensive*; los cocientes *output/ input* (salida/ entrada de energía fueron de 1,98, 1,21, y 1,05 respectivamente.

Cellulosic es claramente el ganador en término de balance energético, y con buena puntuación en cuanto a ahorro de emisiones gases de efecto invernadero, que es del 89%. Los valores correspondientes a *Ethanol Today* y *CO2 Intensive* son del 17% y 2%, respectivamente.[35] Ahora bien: tal y

35. Patzek escribió una detallada respuesta al artículo de la revista *Science* que arrojaba un balance energético positivo en la producción de etanol a partir de maíz, señalando los principales errores usados en la contabilidad energética,

como comenta Mae Wan-Ho, «estos análisis muestran que los actuales métodos de producción, representados por los modelos *Ethanol Today* y CO_2 *Intensive*, ofrecen un balance energético mínimamente positivo y un escaso ahorro de emisiones de gases de efecto invernadero, incluso bajo los supuestos más favorables.»[36] En efecto: incluso con tecnologías experimentales que se hallan lejos aún de alcanzar su viabilidad comercial (como es el caso del etanol a partir de celulosa), lo mejor que obtenemos es duplicar la energía contenida en los combustibles fósiles que intervienen en el proceso de producción. Incluso cuando hay balances energéticos positivos, su escasa cuantía nos indica un punto débil de los agrocarburantes.

Buenas y malas ideas

15. Hoy está meridianamente claro que *ni el etanol a partir de cereales,*[37] *ni el biodiésel a partir de colza, son buenas ideas*

---

que llevaban a sobreestimar los retornos. Estos incluían: no contabilizar la energía contenida en las semillas de maíz como insumo energético, suponer rendimientos muy elevados en la obtención de etanol a partir del maíz (contrarios a los datos reales), reasignar indebidamente costes energéticos (en particular en la fase de destilación, a subproductos tales como residuos de la fermentación que no tienen nada que ver con la producción de etanol)... Según Patzek, cuando se rehacen las cuentas energéticas de los diferentes autores a partir del mismo conjunto de datos más realistas, los balances energéticos resultan ser notablemente uniformes. La relación salida/ entrada de energía varía entre 0,245 y 0,310. En otras palabras, el *balance energético es muy negativo: por cada unidad de energía usada en hacer etanol de maíz, se obtiene en el mejor de los casos 0,3 unidades de energía como retorno.* Citado por Mae-Wan-Ho, «Biofuels for oil addicts, cure worse than addiction?», en AAVV, *Which Energy? 2006 Energy Report from the Institute of Science in Society,* ISIS 2006. Puede consultarse en http://www.twnside.org.sg/title2/par/whichEnergy.pdf

36. Mae-Wan-Ho, «Biofuels for oil addicts, cure worse than addiction?», en AAVV, *Which Energy? 2006 Energy Report from the Institute of Science in Society,* ISIS 2006. Puede consultarse en http://www.twnside.org.sg/title2/par/whichEnergy.pdf

37. El Ministerio de Medio Ambiente español (MMA) encargó al CIEMAT un estudio sobre etanol producido a partir de cereales (trigo y cebada), empleando la metodología del Análisis de Ciclo de Vida. Pese a que se excluyeron

—sobre todo en nuestro país. En cambio pueden serlo —según y cómo se hagan las cosas, y dentro de un marco general de autolimitación— el etanol a partir de caña azucarera o el biodiésel a partir de algas.[38]

16. Probablemente vale la pena *impulsar la producción de bioetanol celulósico* (con rendimientos bastante mejores que el procedente de cereales), pero con las mismas cautelas anteriores: no se puede esperar reemplazar así parcialmente los combustibles fósiles para automoción sin rebajar muy sustancialmente el nivel de movilidad privada. *El problema no son los agrocombustibles: el problema son los demasiados automóviles, camiones y aviones.*[39] En transporte, como criterio general, estimo que habría que *ir hacia el hidrógeno procedente de fuentes renovables* (y no tanto hacia los agrocombustibles, si hablamos de Europa).

---

del ACV los procesos de fabricación de la maquinaria agrícola, los vehículos de transporte, y las instalaciones de transformación del cereal en etanol, aun así la producción y uso de la mezcla E85 (etanol mezclado al 85% con gasolina) sólo supone un ahorro del 17% de energía primaria por km. recorrido respecto de la gasolina de 95 octanos (CIEMAT: *Análisis del ciclo de vida comparativo del etanol de cereales y la gasolina,* MMA, Madrid 2005, p. 70). En cuanto a las eficiencias energéticas del ciclo de vida, todas ellas son menores que la unidad: la energía primaria que hay en el combustible es menor que la energía primaria necesaria para producirlo y distribuirlo (p. 73).

38. Según algunos expertos, la producción de biodiésel de algas tiene la ventaja principal de una mayor productividad por hectárea que los cultivos agrícolas, unas 30 veces superior al maíz o la soja. El biodiésel producido con algas es de gran calidad, por estar libre de azufre, no ser tóxico y ser muy biodegradable.

39. «Los biocombustibles en sí no son el problema. Es más, dentro de un enfoque social y ambientalmente adecuado pueden servir para satisfacer parte de las necesidades energéticas de nuestros países y en particular de las comunidades locales. El problema central es el modelo en el que se los pretende implementar, caracterizado por la gran escala, el monocultivo, el uso masivo de insumos externos, la utilización de transgénicos, la mecanización y su exportación para alimentar el consumo desmedido de energía que se realiza en el Norte.» World Rainforest Movement, «Biocombustibles: grave amenaza disfrazada de verde», editorial del boletín 112 del WRM (monográfico sobre biocombustibles), noviembre de 2006 (puede consultarse en http://www.wrm.org.uy/boletin/112/opinion.html#amenaza).

Los males del sobredesarrollo

17. *El sobredesarrollo del Norte absorbe los recursos del Sur.* Hay ya un exceso de tierras en países del Sur dedicadas a alimentar la cabaña ganadera de los países ricos.[40] Si países europeos como Holanda o España (o incluso Francia, uno de los mayores productores y exportadores mundiales de cereales) pueden permitirse el lujo de exportar cereales y carne, es porque importan grandes cantidades de oleaginosas de países donde hay hambre.[41] A esta «importación de suelo» (y de agua, y de otros recursos naturales) vía piensos para el ganado ¿vamos a añadir ahora la de los biocombustibles? ¿Con el enorme tirón de demanda que proviene del sobredimensionado parque automovilístico de los países ricos?

18. *El sobredesarrollo del Norte ocupa excesivo espacio ecológico.* Cálculos recientes sobre la apropiación de producción primaria neta de las plantas terrestres por los seres humanos arrojan un valor del 23,8%. ¡Casi la cuarta parte del total! Esto revela la intensidad del dominio humano sobre la biosfera.[42] De ello,

---

40. La ganadería intensiva europea fue impulsada en los años cincuenta y sesenta por EEUU, interesado en «colocar» los excedentes de su producción de soja y de maíz. Pero, aunque EEUU sigue siendo todavía el mayor exportador mundial de oleaginosas, el relevo en los últimos años lo están asumiendo —a una velocidad vertiginosa— Brasil y Argentina, donde el cultivo de soja para la exportación (transgénica y resistente a los herbicidas) está arrasando los ecosistemas y economías locales.

41. En el año 2000, el uso global de tierra de la UE-15 excedió en un 18% la tierra agrícola propia de estos países europeos. Esto corresponde a 0,43 hectáreas per capita, lo cual excede el uso mundial de tierra agrícola cultivada de forma intensiva (0,25 ha/ cap) en un factor de 1,7. En lo que a uso de la tierra se refiere, la UE está viviendo por encima de sus propios medios. Cf. Stefan Bringezu y otros, *Towards a sustainable biomass strategy,* Wuppertal Paper 163, Instituto Wuppertal, junio de 2007, pp. 27-28.

42. Helmut Haberl, K. Heinz Erb y otros: «Quantifying and mapping the human appropriation of net primary production in Earth's terrestrial ecosystens», publicado en 2007 PNAS (Proceedings of the National Academy of Sciences of the USA; puede consultarse en www.pnas.org/cgi/doi/10.1073/pnas. 0704243104). La producción primaria neta (PPN) es la cantidad neta de carbono asimilada por la vegetación durante un período determinado; determina la cantidad de «energía fotosintética excedente» disponible para su transferencia a los niveles tróficos superiores de los ecosistemas.

el 53% corresponde a cosechas, el 40% a cambios de productividad inducidos por cambios de usos de la tierra, y el 7% a fuegos causados por seres humanos. Los autores del estudio recomiendan mucha prudencia frente a planes ambiciosos para sustituir combustibles fósiles por biomasa, que se traducirían en *presiones adicionales masivas sobre los ecosistemas.*

El eminente agroecólogo Miguel Ángel Altieri tacha el bioetanol de *«imperialismo ecológico».* No se puede, *a la vez,* pedir a Brasil que se convierta en exportador mundial de bioetanol de caña y biodiésel de soja y que conserve los restos de bosque tropical y subtropical que le quedan; ni se puede, *a la vez,* pedir a Indonesia que inunde los mercados con biodiésel de palma aceitera y que deje de expulsar a los campesinos, y que proteja a los últimos orangutanes.

Un uso sostenible de la tierra implica autocontención

19. *Un uso sostenible de la tierra* —ese recurso productivo básico, que es al mismo tiempo un sistema vivo— *implica autolimitación.* En la práctica eso quiere decir sobre todo, en nuestra vulnerable biosfera y a comienzos del siglo XXI: *gestión de la demanda para reducir la movilidad individual motorizada,*[43] *y para reducir el consumo de carne.*[44] Creo que hay que insistir

43. «Es insaciable el apetito mundial del automóvil. El maíz que se necesita para llenar el depósito de 100 litros de un 4x4 es el mismo que se necesita para alimentar una persona durante 1 año. Es decir, suponiendo que se consume un depósito cada dos semanas, alimentar a un coche con etanol durante un año equivale a lo que comerían en ese mismo periodo de tiempo 26 personas» (Lester R. Brown: «Supermarkets and service stations now competing for grain», boletín del *Earth Policy Institute,* 13 de julio de 2006 —puede consultarse en http://www.earth-policy.org/Updates/2006/Update55.htm).

44. Lo argumenté en el capítulo 11 de *Cuidar la T(t)ierra. Políticas agrarias y alimentarias sostenibles para entrar en el siglo XXI* (Icaria, Barcelona 2003). Según un estudio —publicado en *The Lancet* en septiembre de 2007— de Tony McMichael (de la Universidad Nacional de Australia) y John Powles (del Departamento de Salud Pública y Atención Primaria de la Universidad de Cambridge, Reino Unido), la producción de la industria mundial del ganado supone la quinta parte del total de emisiones de gases de efecto invernadero. Los autores apuntan que reducir el consumo de carne ayudaría tanto a luchar contra el cambio climático como a reducir los riesgos de padecer ciertas enfermedades asociadas al consumo elevado de productos cárnicos.

una y otra vez en estas propuestas de autocontención: no podremos liberar tierra suficiente para los nuevos usos (y para acoger a la población humana aún infraconsumidora, y la aún por venir) sin (a) empujar nuestros sistemas de transporte hacia las formas de transporte colectivo por tierra y mar (mucho más eficientes que el transporte individual y el transporte aéreo), así como hacia el transporte no motorizado (pedalear y caminar más); y (b) empujar nuestras dietas hacia los primeros escalones de la pirámide alimentaria (o la cadena trófica), vale decir, consumir muchos más vegetales y mucha menos carne y pescado.

Contra las ilusiones tecnolátricas

20. Por desgracia, la mayoría de la sociedad sigue abrigando *la nefasta ilusión de que milagrosos avances técnicos evitarán que tengamos que cambiar los dispendiosos «estilos de vida»* basados en el sobreconsumo de energía y materiales. La apuesta de la UE y EE UU por los agrocombustibles refleja esa ilusión. Pero *la realidad a la que hemos de hacer frente es considerablemente más dura.*[45] No hay soluciones mágicas (eso que los anglosajones llaman *a silver bullet,* una bala de plata): las ilusiones tecnolátricas contribuyen sólo al desplazamiento de los problemas, pero no a hacer frente a la crisis.

A guisa de conclusión

La científica experta en biomasa Mercedes Ballesteros escribe: «Partimos [en el debate sobre los biocombustibles] de una realidad muy concreta. Cientos de millones de coches se mueven en el mundo con derivados del petróleo y, nos guste o no, lo van a seguir hacien-

---

45. «El triunfo de las 'soluciones' de mercado para la crisis [climática] no va a desembocar en el tipo de transformación profunda que necesitamos para ese 'aterrizaje suave' del que hablan los científicos, un resultado que sólo podría lograrse reduciendo las emisiones de dióxido de carbono entre el 60 y el 80% en los próximos 10-15 años.» Brenda Longfellow, «Weather report: images from the climate crisis», *Socialist Register* 2007 (monográfico *Coming to Terms With Nature*).

do durante los próximos años. Por lo tanto, es imprescindible que el análisis de los aspectos positivos y negativos de los biocombustibles lo hagamos comparando, punto por punto, con los derivados del petróleo» (*Agenda Viva* 10, Fundación Rodríguez de la Fuente, invierno 2007-2008, p. 48).

Estas palabras de la Jefa de la Unidad de Biomasa del CIEMAT delimitan bien los términos del dilema al que nos enfrentamos. Si aceptamos «nos guste o no» que el modelo de transporte actual es inamovible, en sus grandes dimensiones, como hace Ballesteros, entonces la política ambiental queda reducida a tratar de lograr mejoras marginales a partir de la insostenible situación actual. Pero *esas mejoras marginales (de ecoeficiencia en sentido amplio) no nos sacan de la insostenibilidad: si hay que extraer una lección de los fracasos de política ambiental en los últimos tres decenios, sería ésa*. Sabemos que, para avanzar *de verdad* hacia una sociedad sostenible, lo que hay que poner en marcha es *un cambio de modelo: otra forma de producir, consumir, trabajar, desplazarnos*... No cabe aceptar como inamovible el modelo actual de transportes, al que ninguna mejora marginal tornará sostenible. Pero entonces —el otro cuerno del dilema— lo que planteamos son transformaciones de gran calado, para las cuales no cabe esperar mucha comprensión en una sociedad narcotizada que identifica bienestar con crecimiento del consumo de mercancías y se complace tenazmente en el autoengaño...

En definitiva: la idea de sustituir la gasolina y el gasóleo que mueven los motores de nuestros vehículos por carburantes elaborados a partir de biomasa *sólo sería una buena idea con muchos menos vehículos de motor en el planeta, y mucho menor uso de los mismos*. Es decir, con otro modelo de transporte, uno que evitase poner la sociedad entera al servicio del automóvil privado —ese fetiche supremo para las sociedades productivistas/consumistas que hoy padecemos— y que en lugar de ello se lograse un nivel *suficiente* de movilidad a base de transporte colectivo, transporte sobre raíles y bicicletas. *Suficiente* es una palabra clave: nuestro sobreconsumo de energía en general y de combustibles fósiles en particular ha de abordarse con decididas políticas de suficiencia, de autocontención, de gestión de la demanda.

VIII. EL CONFLICTO ENTRE EFICACIA Y SOSTENIBILIDAD

UTILIZAR EL «CAPITAL MINERAL» DE LA TIERRA O EL FLUJO SOLAR Y SUS DERIVADOS RENOVABLES

José Manuel Naredo[1]

Sobre el «agotamiento» del petróleo... y de los otros minerales de la corteza terrestre

El problema del *agotamiento* del petróleo fue una preocupación generalizada en la década de los setenta. Las «crisis petroleras» de 1973 y 1979, motivadas por la elevación de los precios del crudo promovidas por los países de la OPEP, propiciaron este tipo de reflexiones que llevaron a vaticinar que la civilización industrial colapsaría sobre todo por escasez de recursos. Sin embargo, treinta años después, cuando el consumo global de energía ha aumentado en más de un 70% y cuando hay mucho menos petróleo extraíble en la corteza terrestre del que había entonces, ya no preocupa tanto su escasez como el «cambio climático» derivado del exceso de residuos. ¿A qué se debe tan llamativo cambio de percepción? Por una parte a que los países ricos mejoraron desde entonces su relación de intercambio, reduciendo notablemente la fracción de sus ingresos destinada al pago del petróleo y minimizando, así, la incidencia económica que sobre ellos tuvieron las recientes subidas de precios. Por otra parte, a que al ser los principales consumidores de recursos, son los principales generadores de residuos y hacen de

1. Agradezco a Joaquim Sempere su ayuda e iniciativa en la selección y reelaboración de los fragmentos del libro Naredo, J.M. y Valero, A., dirs., *Desarrollo económico y deterioro ecológico*, Madrid, Fundación Argentaria y Visor Distribuciones, Col. «Economía y Naturaleza», 1999, plasmada en el presente texto.

éstos su «primer problema ambiental» y tratan de exportarlo como tal al resto del mundo.[2] Pero también a que el problema del *agotamiento* del petróleo se enfocó de forma muy simplista pronosticando crisis de abastecimiento para fechas tan perentorias que la realidad se encargó de desmentir, permitiendo tildar dichas previsiones de catastrofistas. En lo que sigue encajaremos el problema del petróleo en un enfoque más amplio y clarificador de la verdadera encrucijada a la que se enfrenta la civilización industrial.

Anticipemos que la especie humana moviliza hoy un tonelaje muy superior a la de cualquier fuerza geológica[3] al articular mayoritariamente su intendencia sobre las extracciones de la corteza terrestre y no sobre los derivados renovables de la energía solar y la fotosíntesis. Esta potente actividad extractiva utiliza los minerales que la corteza terrestre había concentrado en forma de yacimientos singulares que, tras ser utilizados, se dispersan originando normalmente problemas de contaminación. La metodología propuesta[4] permite cuantificar globalmente el *potencial* que alberga el

---

2. Parece como si la contaminación cuyo control preocupa no procediera del desmesurado y despreocupado consumo de recursos. Además, dentro del problema de los residuos, se magnifica la contaminación atmosférica, causante tanto de cambios climáticos globales —que afectan a poblaciones enteras atendiendo más a su clima y ubicación geográfica que a su nivel de ingresos— como de trastornos locales más específicos de los países ricos, como es el caso de las lluvias ácidas, altamente destructivas en los suelos ácidos propios de clima húmedo templado pero no, por ejemplo, en los suelos calcáreos predominantes en clima mediterráneo.

3. El transporte horizontal de materiales realizado por la erosión natural desde la cabecera de las cuencas hasta las zonas de sedimentación, se ha visto hoy ampliamente superado en tonelaje por el modelo que va desde las áreas de extracción hasta las grandes aglomeraciones, utilizando el viario y los medios de transporte de nueva factura. Véase Cendrero, A., J. Remondo y V. Rivas, «Influencia humana en la evolución de los procesos superficiales», en Naredo, J.M. y L. Gutiérrez, eds. (2005): *La incidencia de la especie humana sobre la faz de la Tierra (1955-2005)*, Ed. Universidad de Granada y Fudación César Manrique, Col. «Ecomonía vs naturaleza», pp. 261-307.

4. Esta propuesta vio la luz en Naredo, J.M. y A. Valero, dirs. (1999): *Desarrollo económico y deterioro ecológico*, Fundación Argentaria y Visor Distribuciones, Col. «Economía y naturaleza», y ha sido desarrollada en tesis y publicaciones posteriores: véase, por ejemplo, Valero, A., E. Botero y A. Martínez (2005), «Evolución y perspectivas del uso de la energía y los materiales», en Naredo, J.M. y L. Gutiérrez, eds., op. cit., pp. 307-342.

«capital mineral» de la Tierra, que la actual civilización está dispersando ahora a tanta velocidad. De esta manera si, como se dice, la vida surgió y evolucionó en la Tierra a partir de una *sopa primigenia*, la especie humana la empuja ahora con fuerza hacia una especie de *puré crepuscular*, cuya composición química hemos definido en las investigaciones indicadas como estado tendencial de referencia. La metodología propuesta permite cuantificar la pérdida de *potencial* que va acusando el «capital mineral» de la Tierra a medida que la incidencia humana la empuja hacia esa especie de sopa entrópica o «estado muerto» de referencia, otorgando a las actuales preocupaciones por la *«(in)sostenibilidad»* dimensiones claramente cuantitativas que el ambientalismo banal de nuestros días trata de soslayar.

«Capital natural» y capital reproductible

Se ha dicho que el objetivo de *sostenibilidad* para un economista ha de pasar por una revalorización del «capital natural» que facilite su mantenimiento e incluso su mejora, incluyendo dicho patrimonio en la categoría de *capital* en general. El problema estriba en que, si bien el cálculo del coste físico y monetario de los bienes de capital producidos por la industria humana puede realizarse por procedimientos generalmente aceptados, no ocurre lo mismo con el «capital natural». En primer lugar, normalmente estos recursos no se identifican con valores monetarios. Y en segundo lugar, su reproducción, aun cuando resulte técnicamente viable, suele arrojar costes físicos y monetarios tan elevados que la hacen económicamente inviable. De ahí que se estime escasamente operativo el afán de cifrar la *sostenibilidad* ecológica de los sistemas económicos en el requisito de que su «capital natural» no disminuya o se degrade físicamente.

El enfoque propuesto en Naredo y Valero (dirs.) (1999) permite calcular, a partir de un estado de referencia, el coste físico de reposición de los recursos minerales de la corteza terrestre, acercando así por vez primera el tratamiento económico de esta categoría de recursos a la del capital reproductible. Con este enfoque se ofrecen nuevos criterios para trascender un grave escollo con el que se topa el análisis económico en el campo de los recursos naturales: el que plantea el hecho de que el análisis económico ordinario valore los *stocks* de recursos que nos ofrece la naturaleza atendiendo a su coste monetario de extracción (y manejo) y no al que exigiría su reposición. Con lo que esa valoración sesgada ha primado sistemáticamente la extracción frente a la recuperación y reciclaje (donde los costes de reposición se han de sufragar íntegramente). Este proceder acentúa tanto los problemas de escasez de recursos como los de exceso de residuos, a medida que el modelo de comportamiento propio de la civilización industrial se extiende y distancia cada vez más de aquel otro de la *biosfera*, que se caracteriza por cerrar los ciclos de materiales, convirtiendo, con la ayuda de la energía solar, los residuos en recursos. De esta manera, calcular en toda su globalidad los costes físicos (es decir, incluyendo el coste de reposición de los recursos naturales), en los que incurren los procesos productivos propios de la civilización industrial, parece un paso obligado para enjuiciar económicamente y para manejar con conocimiento de causa los instrumentos que inciden sobre la valoración, a fin de reorientarlos hacia una mayor *sostenibilidad* global. Siendo la estimación del coste físico de reposición de los recursos minerales el primer paso para hacer que la analogía entre el «capital natural» y el fabricado por el ser humano sea algo más que una metáfora vacía de contenido concreto.

Extracción mineral o aprovechamiento de la fotosíntesis

La propuesta metodológica aquí presentada se refiere al «capital mineral» y no al conjunto del «capital natural». Es decir, se refiere sólo a un subconjunto de *elementos* que componen ese «capital natural», dejando de lado el resto de los *elementos* y *sistemas* que se engloban también bajo esa denominación, entre los que destacan los integrantes de la *biosfera*, cuyo tratamiento demandaría planteamientos metodológicos distintos. Pese a esta limitación, el trabajo tiene gran relevancia al ser precisamente un rasgo distintivo de la civilización industrial el apoyar básicamente su intendencia en la extracción de rocas y minerales de la corteza terrestre en vez de hacerlo en los derivados de la fotosíntesis, como hacen el resto de las especies de la biosfera y como había hecho la especie humana a lo largo de su historia.

La civilización industrial se ha caracterizado, y sigue caracterizándose, por utilizar masivamente como materias primas determinadas sustancias disponibles en la corteza terrestre en condiciones muy particulares de concentración, estructura y tonelaje. Los yacimientos minerales en explotación pueden considerarse, así, como rarezas de la corteza terrestre, ya que cuentan con unas leyes de contenido en las sustancias deseadas y un nivel de estructura muy superiores a la media de la corteza terrestre, que la naturaleza se había encargado espontáneamente de configurar. Una vez utilizados estos recursos, suelen acabar dispersándose y originando los problemas de contaminación de todos conocidos, habida cuenta de que, las prácticas habituales de cálculo que orientan la gestión económica no acostumbran a favorecer la recuperación y el reciclaje. Y al tomar estos recursos como un don gratuito de la naturaleza se incentiva su extracción, no sólo frente a la recuperación y el reciclaje, sino también frente a otros posibles sustitutivos renovables fruto de la industria humana, que habría que producir y también facturar.[5]

El enfoque aquí utilizado permite ordenar económicamente los minerales de la corteza terrestre atendiendo al coste físico que supondría obtenerlos a partir de los materiales que contendría la Tierra si hubiera alcanzado ya el máximo nivel de deterioro hacia el que la estamos empujando (es decir, si los actuales yacimientos de rocas y minerales se hubieran mezclado y reaccionado con el resto de los componentes hasta formar una «sopa entrópica» en equilibrio químico). Expresando en unidades de energía el coste físico de obtener a partir de esa «sopa entrópica» los minerales hoy disponibles, podríamos llegar a calcular el potencial (*stock*) contenido en la corteza terrestre actual, que la especie humana puede explotar y dispersar con mayor o menor celeridad, por contraposición al *flujo* de energía emitido por el Sol y sus derivados renovables.

Cerrar los ciclos de materiales. Coste de reposición y coste de extracción

En consecuencia, la *sostenibilidad* o viabilidad ecológica de un sistema económico debe enjuiciarse atendiendo no tanto a la intensi-

5. Por ejemplo, se incentivó no sólo a sustituir la mula por el tractor, sino a que este funcionara con petróleo y no a partir de fuentes renovables (como ocurría en la España de la posguerra, cuando automóviles y tractores circulaban utilizando el *gasógeno* para generar «gas pobre» mediante una combustión incompleta de residuos o biomasas poco valoradas).

dad en el uso que hace de los *stocks* de recursos no renovables como a su capacidad para cerrar los ciclos de materiales mediante la recuperación o el reciclaje, con ayuda de fuentes renovables.

Recurriendo a la metodología derivada de este enfoque y aplicándola a los minerales contenidos en los yacimientos con leyes comerciales, podríamos extender el cálculo del coste exergético de concentración al conjunto de los recursos minerales contenidos en la corteza terrestre. Para ello habría que definir la forma en la que se distribuye actualmente el *stock* de cada sustancia en la corteza terrestre, relacionando las *leyes de concentración* y el *tonelaje* en los minerales que la contienen. La experiencia indica que la relación entre la ley (que podemos representar en el eje de ordenadas) y el tonelaje (en el de abcisas) adopta la expresión geométrica de funciones con pendiente negativa y, generalmente, de exponenciales convexas hacia el origen de coordenadas, en las que la pendiente varía atendiendo a la situación peculiar de cada sustancia concreta. El hierro ejemplificaría el caso de sustancias muy abundantes y extendidas en la corteza terrestre. Esta sustancia mantiene una ley que apenas baja del 1% en casi toda la corteza terrestre, apareciendo buena parte del tonelaje con leyes iguales o ligeramente superiores a este porcentaje. Sin embargo en sustancias más raras y peor distribuidas, como el mercurio, el oro... o el petróleo, el tonelaje se concentrará más en ciertos yacimientos. El gráfico 1 trata de ilustrar, con datos hipotéticos, la forma que cabe esperar que adopten las relaciones indicadas para algunas sustancias. La construcción de este tipo de curvas, modelizando la relación entre leyes y tonelaje para las principales sustancias de la corteza terrestre que están siendo objeto de explotación, constituye una tarea pendiente para completar la aplicación de la metodología propuesta.[6] Esta tarea es importante para romper el actual vacío que se observa entre la investigación geológica y la minera, que dificulta la modelización y

6. Una metodología de este tipo ha sido diseñada y aplicada a los yacimientos españoles de estaño y wolframio, situándolos en el contexto mundial: A. Ortiz (1993): «Los recursos mineros», en J.M.Naredo y F. Parra, eds. (1993): *Hacia una ciencia de los recursos naturales*, Madrid, Siglo XXI Editores. La investigación que está desarrollando Alicia Valero como tesis doctoral en la Universidad de Zaragoza, promete avances significativos en este y otros puntos de la metodología aquí esbozada.

Gráfico 1
Relación tonelaje/leyes en los yacimientos mundiales de wolframio y estaño

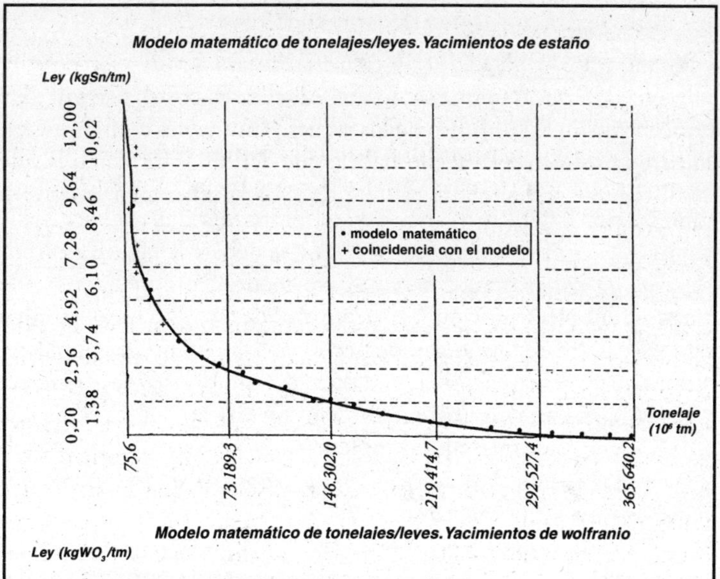

Fuente: Antonio Ortiz Ramos, «Recursos no renovables», en Naredo, J. M. y F. Parra, comps. (1993), *Hacia una ciencia de los recursos naturales*, Madrid, Siglo XXI.

clasificación de los yacimientos por escalones de coste físico y monetario de extracción.

Una vez modelizada la presencia de las sustancias en la corteza terrestre, podríamos aplicarle la metodología de cálculo del coste físico de reposición de dichas sustancias y, mediante agregación, cuantificar en unidades energéticas el coste físico que nos ahorra su extracción, al evitar tener que concentrarlas. Este coste sería indicativo del potencial que nos brinda la corteza terrestre en forma de concentración y enlace químico de sustancias minerales explotables. Lo cual permite plantear en términos meridianamente cuantitativos el conflicto fáustico en el que se debate la civilización industrial, al haber optado por utilizar la eficacia inmediata que le ofrece la simple explotación (y deterioro) de este potencial, aunque ello sea a costa de renunciar, de hecho, a la *sostenibilidad* global del sistema. La preocupación actual de hacer que el sistema atienda al objetivo de la *sostenibilidad* global, sin menoscabo de su eficiencia inmediata, resulta bastante problemático. Ya que tal objetivo exigiría que la sociedad se apoyara en la energía solar y sus derivados para restituir ese potencial reconvirtiendo los residuos en recursos, lo que nos llevaría a reconsiderar todos los procesos y a descartar muchos de ellos por incapaces o ineficientes a la hora de atender este requisito. Las centrales nucleares al uso serían un ejemplo de procesos a descartar, por no existir procedimiento técnico alguno que permita reconvertir en este caso los residuos en recursos, dejando así permanentemente abierto el ciclo de materiales. A la vez que el uso del petróleo como combustible debería ser descartado por ineficiente o impracticable si se pretendieran reconvertir los residuos en recursos: reconstruir los enlaces químicos de los hidrocarburos una vez quemados exigiría del orden de mil veces más energía de la liberada en su combustión. Así la única manera viable de reponerlos sería hacerlo indirectamente, a base de plantar y acumular los bosques necesarios para ello, pero esto exigiría un uso tan masivo de suelo y de tiempo, que imposibilitaría tal reposición a los ritmos a los que actualmente se están quemando. La exigencia de cerrar los ciclos de materiales reconvirtiendo los residuos en recursos, a fin de imitar el funcionamiento de la biosfera como ejemplo modélico de sistema de gestión y uso sostenible de los recursos planetarios, desbancaría a los combustibles fósiles del pedestal de eficiencia y competitividad en el los sitúan los enfoques parcelarios al uso frente a las fuentes renovables de energía. El enfoque más amplio desde el que estamos razonando aconseja distinguir, así, los procesos en los que no se conoce procedimiento alguno de hacerlos reversibles, de aquellos otros en los que existen pero no resultan practicables a la escala a la que se requiere, y, por último, aquellos en los que existiendo procedimientos y siendo teóricamente practicables en gran escala, merece la pena analizar sus costes físicos y monetarios a fin de estudiar su viabilidad técnica y económica con vistas a su posible implantación.

El crecimiento exponencial, fenómeno transitorio en la historia humana

Retomando el hilo de razonamiento anterior, hemos de advertir que la metodología que estamos proponiendo permite dar un salto cualitativo en los análisis que, desde el ángulo de la *sostenibilidad* global, se han venido aplicando al uso del «capital mineral» de la Tierra en la sociedad actual, deshaciendo algunos de los equívocos más comunes. Estos análisis han venido subrayando que la condición de *stocks* de los depósitos minerales en explotación hace insostenible el futuro de una sociedad que se asiente en su extracción y dispersión continuada. Los trabajos de M. King Hubbert (1969 y 1974, reed. 1993)[7] ocupan entre ellos un lugar importante, al aunar tempranamente la formalización matemática a la claridad expositiva. Tras constatar que estamos habituados a que una suma de dinero, que no tiene naturaleza física, se atenga a la regla del interés compuesto y aumente siguiendo indefinidamente una curva de crecimiento exponencial, este autor observa que la civiliza-

7. Hubbert, M.K. (1969), capítulo sobre recursos energéticos, en Committee on Resources and Man, National Academy of Sciences, National Research Council, *Resources and Man*, San Francisco, W.H.Freeman. Véase igualmente el trabajo de síntesis posterior: Hubbert, M.K. (1974): «Exponential Growth as a Transient Phenomenon in Human History», en Strom M.A., ed., *Societal Issues, Scientific Viewpoints*, Nueva York, American Institute of Physics (reed. en Daly. H.E. y Tawnsend, K.N., eds. [1993]: *Valuing the Earth: Economics, Ecology, Ethics*, Cambridge, Massachusetts, The MIT Press).

ción industrial ha proyectado también sobre el mundo físico ese hábito del crecimiento exponencial, originando un comportamiento sin precedentes en la historia de la humanidad, que a largo plazo se muestra inviable: la novedad e inviabilidad de ese comportamiento se derivan de que 1) se apoya masivamente sobre la extracción de recursos no renovables de la corteza terrestre, y 2) que practica estas extracciones de modo exponencial en el tiempo. Hubbert muestra con lápiz y papel que «ninguna cantidad física puede seguir una curva exponencial más que durante un relativamente breve período de tiempo». Para ello pone en conocimiento de los legos en la materia las implicaciones matemáticas del crecimiento exponencial, mostrando con ejemplos que la persistencia en el tiempo del aumento de una población o la expansión de cualquier objeto físico a una tasa acumulativa constante se revela inviable a plazos relativamente cortos, al desatar crecimientos exponenciales que trascienden de las dimensiones nuestro planeta. De ahí que el autor mencionado presente el crecimiento exponencial, como explícitamente indica el título del segundo de sus trabajos citados, como «un fenómeno transitorio» en la historia de la humanidad. Y viendo que la explotación de determinados *stocks* de minerales, y muy particularmente los «energéticos», están siguiendo curvas exponenciales de crecimiento en nuestra actual civilización, se postula que tarde o temprano sus tasas de crecimiento tendrán que flexionar primero para transmutarse después en tasas de decrecimiento, dado el carácter limitado de estos *stocks*. Este autor enfrenta las curvas de extracción de determinados recursos minerales a la estimación de los *stocks* o reservas disponibles, utilizando para ello un procedimiento formalizado relativamente sencillo que facilita su interpretación. Veamos cómo se aplica al caso del petróleo.

El gráfico 2 representa la extracción de petróleo en miles de millones de toneladas anuales, en el eje de ordenadas, y el tiempo en años, en el de abscisas. Este gráfico reproduce el ajuste que propusieron Hubbert y Warman, de una exponencial a la curva de extracciones tal y como se venía produciendo hasta la primera «crisis petrolera» de los setenta. También recoge la curva de agotamiento teórico, en que la superficie comprendida entre la curva y el eje de abscisas representa la estimación del stock de petróleo convencional cifrado en 274 miles de millones de toneladas (equivalente a

Gráfico 2

Agotamiento teórico y efectivo de las reservas de petróleo convencional

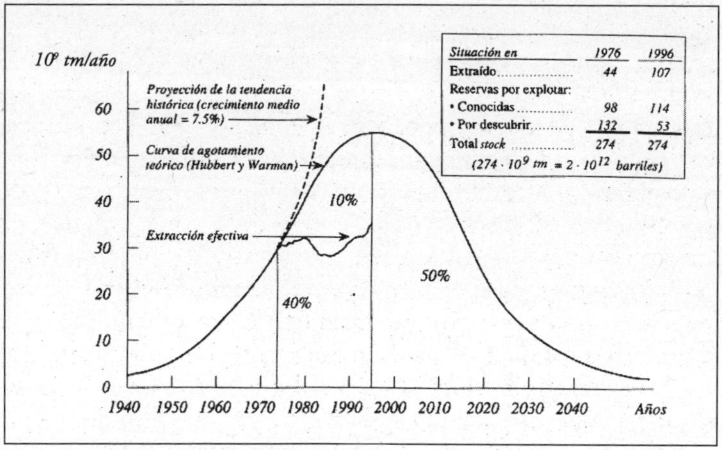

Fuente: Este gráfico actualiza las curvas planteadas por Hubbert (1969) y Warman (1971), con datos de extracción anual y de reservas tomados del capítulo 6.4, Naredo y Valero (dirs.) (1999) y de Campbell (1997).

Nota: La extracción efectiva ha pasado de 33,4 en 1996 (según figura en el gráfico) a 38,9 en 2006, según las estadísticas de www.bp.com.

unos dos billones [$2{,}10^{12}$] de barriles).[8] Al atenerse la extracción al carácter limitado de la reserva, la pendiente de esta curva de explotación inflexiona desde la exponencial originaria hacia el decrecimiento, mostrando una de las posibles sendas que puede seguir en el tiempo la extracción de un recurso no renovable. Esta curva de explotación teórica preveía para principios de los setenta una inflexión hacia tasas de crecimiento cada vez menores que se prolongaría hasta alcanzar un máximo hacia 1996, a partir del cual empezaría a decrecer (dada la simetría de la curva este máximo coincide con el momento en el que se ha extraído la mitad del stock). Al añadir en el gráfico las toneladas de petróleo realmente extraídas hasta 1996, podemos observar que la inflexión producida tras la

8. Una tonelada de crudo = 7,3 barriles.

llamada crisis energética de los setenta fue bastante más acusada que la prevista en la curva de extracción teórica, aunque después volviera a repuntar. De esta manera en 1996 se habría extraído el 40% del *stock*, en vez del 50% que preveía la curva (quedando un 60% por explotar). Por lo que habría que desplazar la curva de previsiones hacia la derecha, desplazando la fase de declive unos quince o veinte años, cosa que no hemos hecho en el gráfico por evitar hacerlo más farragoso, sobre todo cuando nuestro propósito no es actualizar este tipo de previsiones, sino discutir su interés y sus limitaciones, en relación con nuestra propuesta metodológica.

Hemos de subrayar que si hemos tomado el petróleo convencional como base de este ejercicio es, entre otras cosas, porque es uno de los recursos mineros mejor estudiados en la corteza terrestre. Esto hace que la estimación de los dos billones de barriles de reservas se haya mantenido vigente como una cifra razonable a lo largo de los últimos veinte años. Fue entre la década de los treinta y la de los sesenta cuando se descubrieron las dos decenas de depósitos «supergigantes» de Oriente Medio que acumulaban cerca de la tercera parte de la reservas mundiales. Hoy se estiman descubiertos al menos el 80% de los estratos sedimentarios existentes susceptibles de contener petróleo, y ha sido explorada la práctica totalidad de los accesibles a bajo coste, por lo que al parecer no caben grandes sorpresas en este campo. Lo cual reduce la incidencia de una primera limitación al uso del tipo de ejercicios matemáticos propuestos por Hubbert: la que se deriva del desconocimiento de las reservas disponibles, que hace que la curva de agotamiento se vaya desplazando hacia la derecha debido a los nuevos descubrimientos, aunque la extracción siga creciendo exponencialmente. Todo ello ante la desconexión antes mencionada entre las estimaciones de la geología sobre la composición de la corteza terrestre y la investigación minera en su búsqueda de esas rarezas que en dicha corteza son los yacimientos.

Una segunda limitación de este tipo de análisis procede de la definición imprecisa del recurso cuyas reservas se pretenden estimar y relacionar con las extracciones. Por ejemplo, no tiene mucho sentido hablar de agotamiento del hierro, cuando se trata de una sustancia muy abundante en la corteza terrestre que por mucho que se oxide y disperse seguirá siendo abundante. Pero sí tendría sentido hablar del agotamiento de determinados yacimientos con ciertas características de ley, tonelaje y accesibilidad, que corresponderían a ciertos tramos de coste físico y monetario de extracción. Aunque para ello habría que avanzar —como ya se ha indicado— en la modelización de la composición y distribución de las sustancias de la corteza terrestre, y de los yacimientos que contiene. En el caso del petróleo que estamos utilizando como ejemplo, habría que distinguir entre las reservas en esos depósitos «supergigantes» y fácilmente accesibles del Oriente Medio u otros cuyo coste no exceda de los 10 dólares el barril, de los yacimientos más pequeños, situados a mayor profundidad, en el mar, etc., que requieren procedimientos de extracción más onerosos, cuyos costes de extracción se sitúan entre los 10 y 20 dólares el barril. A este «petróleo convencional caro», que empezó a explotarse tras las «crisis petroleras» de los setenta, le seguirían otros de mayor coste todavía entre los que cabe esperar se encuentre el grueso de las reservas cuya puesta en explotación todavía no se ha producido: se trata del «nuevo petróleo», que daría paso al «petróleo no convencional», cuya extracción y proceso mostraría unos costes mucho más elevados.

Por otra parte, no está de más recordar que ya durante la segunda guerra mundial el ejército alemán pudo paliar la penuria de petróleo convencional recurriendo al petróleo obtenido por la industria química a partir del carbón, al igual que en Brasil se ha estado sustituyendo por etanol obtenido a partir de biomasas. Por lo que incluso en un recurso aparentemente tan claro como el petróleo, las reservas no plantean tanto un problema de cantidad como de costes.[9] El verdadero problema estriba en que la era del petróleo barato parece estar aproximándose a su fin. A un nivel más general, cuando en el CERN[10] se consiguió hacer realidad la vieja quimera de «transmutar» plomo en oro, pero a un coste tan elevado que despojaba la operación de todo interés económico, podemos decir que el problema que plantea el abastecimiento de los llamados recursos naturales no renovables es cada vez más un problema de costes y no de imposibilidad física de obtenerlos, lo cual revaloriza nuestra propuesta metodológica orientada precisamente al cál-

9. La obtención de petróleo a partir del carbón se puede conseguir con un coste actual relativamente moderado de unos 50 o 60 dólares el barril.

10. Centro de investigación sobre altas energías con sede en Ginebra.

culo de los costes físicos por procedimientos susceptibles de aplicación general y agregación.

Concluyendo: para que el esquema analítico de Hubbert adquiera plena utilidad, ha de aplicarse a dos niveles. Uno, micro, referido a depósitos minerales concretos inequívocamente identificados y otro el de máxima agregación, referido al conjunto de la corteza terrestre, que es la que en última instancia marca los *stocks* de forma también inequívoca.

Los trabajos de Campbell[11] ofrecen un buen ejemplo de análisis desagregado, en el que se desglosan las reservas por yacimientos y países, indicando en cada caso si la curva de agotamiento ha superado la mitad del stock e iniciado la fase de declive. Este análisis pormenorizado es el que permite agregar después por grupos y obtener conclusiones más solventes (aunque dependan siempre, claro está, de la validez de los datos disponibles, que a veces aparecen alterados por razones políticas y comerciales). Este autor completa, por último, su análisis del petróleo «convencional», con el del gas y el petróleo «no convencional», advirtiendo cómo el primero empezó a cobrar peso a partir de la década de los setenta y el segundo lo hará en los primeros años del nuevo milenio, sin que ambos consigan evitar el declive del conjunto de los hidrocarburos extraídos que se prevé para este siglo que comienza.

Stock no renovable y flujo solar de exergía

Pero la sustitución que se prevé para los hidrocarburos se ha producido y se seguirá produciendo entre las sustancias que componen la corteza terrestre en general. Por lo que un mínimo afán de globalidad y coherencia exigiría referir los análisis de sustancias concretas al agregado último de la corteza terrestre, siguiendo los pasos iniciados en este trabajo. Para ello lo verdaderamente significativo no son las cantidades de tales sustancias sino la energía de calidad o exergía de concentración y enlace químico de los minerales que las contienen, que nos ofrece la corteza terrestre en forma

11. Campbell, C.J. (1997:) «Depletion patterns show change due for production of conventional oil», *Oil & Gas Journal*, 29 de diciembre de 1997.

de yacimientos. Exergía que hemos calculado para algunas sustancias,[12] dando las orientaciones necesarias para generalizar y agregar dicho cálculo para el conjunto de la corteza terrestre, abarcando así desde una perspectiva más amplia el problema que la sustitución de materias primas que escapa al estudio de cada sustancia por separado, limitando su interés. De esta manera podríamos llegar a representar la curva de agotamiento del potencial de la corteza terrestre en un esquema como el presentado para el petróleo en el gráfico 2. Lo cual nos permitiría comparar este *stock* de potencia, con el flujo de exergía que nos envía diariamente en Sol y sus posibles derivados. Al igual que en su día se comparó la exergía en combustión que podría liberar el *stock* de combustibles fósiles, con la de origen solar (viendo que la almacenada por el petróleo equivalía a unos cinco días de radiación solar y la del total de combustibles fósiles a quince),[13] la aplicación de la metodología propuesta permitiría hacerlo para el conjunto de la exergía almacenada en la corteza terrestre, expresando en términos meridianamente cuantitativos el conflicto que plantea en términos físicos la *sostenibilidad* global de la civilización que nos ha tocado vivir. Con todo, hemos de advertir que no consideramos que el enfoque propuesto deba ser el único de interés para orientar la gestión del «capital mineral» de la Tierra. Pero sí el más importante para cuantificar en términos de coste físico (no de valor) la contribución de los recursos minerales al proceso económico y enjuiciar su *sostenibilidad*. Lo cual supone, nada más y nada menos, un prerrequisito esencial para enjuiciar la gestión sobre las bases racionales que ofrece la ciencia cuantitativa. Pero no permite cerrar el tema de la gestión proponiendo este o aquel óptimo. Es más, estimamos que cualesquiera que sean las decisiones que la gestión adopte, serán fruto de juicios de valor, inclinaciones e instituciones, cuyas orientaciones escapan necesariamente al campo de la ciencia cuantitativa, aunque puedan venir informadas por ésta.

12. J.M Naredo y A. Valero, dirs. (1999), op. cit.

13. Georgescu-Roegen, N. (1972): «Energy and Economic Myths», reed. (1976) en *Energy and Economic Myths and Institucional and Analytical Economic Essays*, Nueva York, Pergamon Press (publicado en castellano en *El Trimestre Económico*, octubre-diciembre, 1975).

IX. ECONOMÍA POLÍTICA DEL PETRÓLEO Y MILITARISMO

Eduardo Giordano

En este artículo se ensaya una aproximación a la economía del petróleo desde una perspectiva ya explorada en trabajos anteriores del autor. Básicamente se afirma que este es un sector de la economía cuyo funcionamiento no está regulado, en lo fundamental, por las leyes de la oferta y la demanda, sino por el poder cuasi-monopólico de las compañías multinacionales y por la especulación, y que esta última se alimenta de los conflictos bélicos promovidos por los países de origen de las mayores corporaciones petroleras, beneficiarias a su vez de los aumentos de precios así inducidos. Además, hay países que en términos macroeconómicos se benefician mucho más que otros de este funcionamiento anómalo de un sector clave de la economía mundial.

Este enfoque se apoya en argumentos que fueron expuestos a finales de los años noventa, cuando el petróleo alcanzó su precio mínimo en tres décadas y ni siquiera se planteaba la más remota posibilidad de un final del petróleo barato.[1] Se apreciaba ya entonces, bajo la presidencia de Clinton, el creciente interés de poderosos sectores políticos de Estados Unidos por emprender una acción militar contra Iraq, manipulando para ello a la UNSCOM (la comisión de inspectores de desarme de la ONU) a fin de simular la existencia de armas de destrucción masiva. Estos sectores *neocons*, que

1. Véase E. Giordano: *Las guerras del petróleo. Geopolítica, economía y conflicto*, Icaria, Barcelona, 2002.

sólo desactivaron el *caso Lewinsky* el día en que Clinton ordenó bombardear Iraq, tenían sus razones para buscar el derrocamiento de Sadam Husein: frustrar la concesión de contratos petroleros a países competidores de Estados Unidos en el mercado internacional del petróleo (UE, Rusia, China) y castigar a Iraq por haber desafiado el poder del dólar, la moneda de pago del petróleo, al haber intentado designar las operaciones de exportación de petróleo iraquí en una nueva divisa internacional recién creada, el euro. Como se verá en lo sucesivo, la manipulación del precio del petróleo derivada de esta estrategia belicista tuvo a la vez repercusiones importantes sobre la gestión de los grandes desequilibrios de la economía estadounidense.

Al comienzo de la guerra de Iraq, un asesor del presidente Bush declaró que la invasión estadounidense sería útil para abaratar el precio del petróleo. Esta declaración resultó tan falsa como la gran mentira de las armas de destrucción masiva, ambas resultaron falsas perfectamente a conciencia. Ni los servicios de información creían realmente en la existencia de esas armas que se invocaron como causa de la invasión, ni los planificadores de la estrategia económica estadounidense asociada a la intervención militar creyeron nunca que con esa guerra bajaría el precio del petróleo. Más bien al contrario.

Es sabido que el principal motivo del encarecimiento del petróleo durante las tres últimas décadas fue la existencia de guerras en Oriente Medio, una región que concentra dos tercios de las reservas mundiales comprobadas. ¿Creían sinceramente los planificadores estratégicos del nuevo militarismo norteamericano que al vencer al ejército iraquí pasarían a controlar de inmediato el país y la producción de petróleo? Es poco probable. Era previsible que las tropas invasoras encontrasen una encarnizada resistencia de la población. Además, se sabía que la apuesta de enfrentar a los suníes con las mayorías chiíes y a ambos grupos árabes con los kurdos era un cóctel explosivo, que acabaría incendiando el país. Nadie en su sano juicio podía pensar que ese era el contexto más favorable para relanzar la producción petrolera de Iraq, ni que serviría para estabilizar el precio del petróleo en el mercado internacional. No se debería confundir entonces el mensaje que los asesores de Bush lanzaron para consumo político interno («apoyen la guerra, porque así bajará el precio del petróleo») con los verdaderos intereses de las clases dirigentes de Estados Unidos. Estas no siempre actúan de forma monolítica, pero hay un claro sector hegemónico desde la llegada de Bush al gobierno, en 2001, que reemplazó en el liderazgo de la economía a los artífices de la burbuja tecnológica (el volátil sector de tecnologías de la información sobre el que se construyó la ilusión de un crecimiento ininterrumpido durante las dos presidencias de Clinton).

Los sectores ahora hegemónicos del capitalismo estadounidense, integrados política y empresarialmente en el gobierno de Bush, se muestran muy interesados en que la intensificación del conflicto con Iraq y su progresiva extensión a otros países de Oriente Medio asegure cuantiosos beneficios al núcleo duro de la economía pesada de Estados Unidos: el viejo complejo militar-industrial y las multinacionales del petróleo, además de la compleja trama de intereses que confluyen en torno a ambos polos (energéticos, siderúrgicos, farmacéuticos, de constructoras, financieras, etc.).

Las principales medidas adoptadas por Estados Unidos para conjurar la recesión económica de 2001 fueron un incremento del gasto público de corte militarista, una reducción general de impuestos y el descenso de las tasas de interés hasta un mínimo histórico (1%). Esta política socialmente regresiva y criminal en el plano internacional tuvo éxito en términos de crecimiento económico y experimentó pocos cambios tras el primer gobierno de Bush. En su segundo período presidencial, sobre la base de un crecimiento consolidado de la economía, la política monetaria empezó a endurecerse, pero el militarismo continúa siendo el principal motor de la actividad económica de Estados Unidos.

La influencia de las guerras en la economía del petróleo

Desde finales de 1998 hasta el presente, la política exterior de Estados Unidos en el Golfo Pérsico fue el principal estímulo para el encarecimiento del petróleo. Ante todo la guerra de Iraq, que implica la reducción de las exportaciones de este país a una tercera parte de su producción potencial, dejando fuera del mercado internacional, de manera constante, más de dos millones de barriles diarios de petróleo,[2] algo que en menor medida ya ocurría previamente por la aplicación de las sanciones contra el gobierno de Sadam Husein. Desde la guerra del golfo de 1990-91, una parte central de la geoestrategia del Pentágono para la región se basó en dejar a Iraq, mediante una u otra táctica, fuera del mercado internacional del petróleo, con la consecuente merma de producción y estrechez de abastecimiento. Aunque nunca se llegara a la verdadera escasez en los suministros, las tensiones geopolíticas en el Golfo Pérsico favorecieron la especulación en los mercados de futuros empujando al alza de precios. En situaciones bélicas prolongadas, el precio del petróleo se mantiene en un umbral alto, a partir del cual puede volver a desbocarse con cualquier aumento de las tensiones geopolíticas.

En menos de siete años, el precio del petróleo se multiplicó casi por siete, escalando desde algo menos de 10 dólares por barril en diciembre de 1998, hasta más de 68 dólares por barril en agosto de 2005. Un incremento de estas magnitudes no puede justificarse por el moderado aumento de la demanda. Sin embargo, una opinión muy extendida es que el aumento del precio del petróleo se debe sobre todo a un incremento espectacular de la demanda, en particular de Asia (con China e India en los primeros puestos). Ciertamente, los países de mayor crecimiento mundial consumen hoy más petróleo que antes, pero eso no pone en peligro el abastecimiento. Las estadísticas y previsiones oficiales sobre la demanda real revelan una tendencia al alza en general moderada. Según datos de la OPEP, muy similares a los de la AIE, el crecimiento anual de la demanda a mediados de la década de 2000 se sitúa por debajo del 2% anual, es decir, aproximadamente 1,5 millones de barriles diarios (sobre una demanda total de 84 millones de barriles diarios). El incremento anual de la producción de dos o tres grandes exportadores mundiales, tales como Arabia Saudí y Rusia, es suficiente para compensar este aumento de la demanda sin generar tensiones en los precios.

---

2. Las exportaciones de petróleo de Iraq decrecieron desde 2 millones de barriles diarios antes de la guerra, hasta 0 barriles en mayo de 2003, 1,31 millones de barriles en mayo de 2004 y 1,54 millones de barriles en marzo de 2006.

Si aceptamos que la lógica de las intervenciones militares de Estados Unidos en el Golfo Pérsico tiene un componente de interés económico que consiste, más que en dominar los yacimientos (tarea imposible sin el control político del país en cuestión), en impedir que esos países productores puedan comerciar libremente con otros países competidores de Estados Unidos y, al mismo, en mantener elevado el precio del petróleo en los mercados internacionales en beneficio de su propia economía, al menos no estaremos contradiciendo la contundencia de las políticas reales. Entonces deberíamos admitir que existe una flagrante contradicción entre el discurso público de las autoridades económicas (del tipo «cómo nos afecta la subida del petróleo») y las políticas belicistas e incendiarias de países productores de petróleo que ejecuta Estados Unidos. ¿Es que no advierten los estrategas de Washington esta gran incoherencia? En realidad, el discurso de la «vulnerabilidad energética» es una hipocresía para consumo de las masas afectadas por el alza de los combustibles, y también es un discurso *for export*, pero no es creíble para las élites dirigentes bien informadas. Y sin embargo, los medios de comunicación y amplios sectores académicos de todo el mundo siguen cultivando la imagen que exporta Estados Unidos de país muy vulnerable a la inestabilidad en el mercado internacional del petróleo.

Por lo demás, si las élites *neocons* que dirigen la política exterior estadounidense insisten en buscar la confrontación con países productores cuando el precio del petróleo ya alcanza máximos históricos, y se admite que una 'acción dolorosa' contra Irán podría volver a disparar el precio del petróleo, y si además se busca la confrontación con Siria, acusando a ambos países de apoyar el terrorismo, ¿cómo no pensar que a Estados Unidos le interesa que el precio del petróleo se multiplique a corto y medio plazo? ¿O los escrupulosos *neocons* no se preguntan por estos desafíos al planificar sus estrategias, diseñadas sobre la invención de amenazas?

Supongamos que sí. Y supongamos también que la economía de Estados Unidos tiene un interés complejo —mucho más allá de los negocios de los Bush, padre e hijo— en que el petróleo cueste caro. Sólo si se intenta analizar la validez de este supuesto se podrá clarificar la estrategia política del Pentágono y su recurso al militarismo exacerbado como respuesta convulsiva al progresivo declive de la hegemonía política y económica de Estados Unidos en el mundo.

La marcha de la economía, el petróleo y el dólar

A casi tres años de la invasión de Iraq, Joseph Stiglitz y Linda Bilmes[3] cuantificaron el coste de la guerra para Estados Unidos en un mínimo de un billón de dólares y un máximo, probablemente más realista, que superaría los dos billones de dólares. Desde un enfoque más conservador, Paul Samuelson[4] también sugiere la cifra de un billón de dólares. Este gasto es muy superior al inicialmente presupuestado por el gobierno estadounidense, y duplica (o cuadruplica) los 500.000 millones de dólares admitidos por la Oficina Presupuestaria del Congreso. Como la guerra está lejos de haber concluido y en cambio sigue cobrando intensidad, el coste final de esta aventura es por ahora imprevisible.

¿Cómo ha influido esta inversión presupuestaria en la economía real de Estados Unidos? Stiglitz, que se declara desde el principio opuesto a la guerra, no niega que haya tenido algún efecto sobre la recuperación económica de Estados Unidos, pero estima que sólo puede atribuirse a la guerra «entre el 5% y el 10% del incremento» (del PIB) y considera que este beneficio fue sólo sectorial. En su opinión «las empresas petrolíferas son las grandes ganadoras, mientras que la economía estadounidense y la mundial son las perdedoras», debido al encarecimiento del petróleo. Rechaza así las afirmaciones de funcionarios del gobierno de Bush en el sentido de que «la guerra de Iraq sería buena para la economía» de Estados Unidos.

Sin duda la guerra fue muy buena para las compañías petroleras, que obtuvieron en 2005 los mayores beneficios de su historia. Veamos el caso de las dos mayores petroleras mundiales, una de capital estadounidense (ExxonMobil) y otra de capital anglo-holandés (Shell).

	ExxonMobil	Shell
Ingresos 2005:	371.000 millones de dólares	379.000 mill
Beneficios 2005:	36.130 millones de dólares	25.300 mill
Beneficios 2004:	25.300 millones de dólares	17.590 mill

Fuente: El País, 31-1-2006 y *El País*, 3-2-2006.

3. «Los verdaderos costes de la guerra de Iraq», Joseph Stiglitz, *El País*, 17-2-2006.

4. «Fantasmas a largo plazo», Paul A. Samuelson, Suplemento de Economía de *El País*, 12-2-2006.

El caso de ExxonMobil fue comentado en la prensa internacional como doblemente espectacular, porque nunca antes una compañía multinacional de ningún otro sector de la economía obtuvo un beneficio tan alto en un año. No menos impactantes fueron las declaraciones de sus ejecutivos de haber conseguido once dólares de beneficio por cada barril de petróleo refinado. ¿Cómo habrían podido lograr estos beneficios las compañías petroleras antes de la guerra de Iraq —y antes de los bombardeos de los años previos— si el precio del petróleo se hubiera estabilizado en torno a los diez dólares por barril, precio al que cotizaba en su nivel más bajo, a finales de 1998, en unas condiciones de mercado menos conflictivas y sin mayores tensiones geopolíticas?

Es cierto que las empresas petroleras son las grandes ganadoras de estas guerras. Pero es muy dudoso que la economía estadounidense haya perdido tanto como la economía mundial, tal como se desprende de la afirmación de Stiglitz. El problema de este enfoque, que podría ser válido para hacer política electoral anti Bush en Estados Unidos, es que, más allá del *lobby petrolero*, no tiene en cuenta el complejo entramado de intereses sobre el que se articulan, solidariamente, las decisiones de planificación económica y de política exterior de Washington. No parece factible que los grandes grupos económicos de todos los demás sectores no vinculados al petróleo permitan la continuidad de una experiencia que supuestamente resulta tan ruinosa para la economía nacional, a menos que se perciba un resarcimiento global, en términos no sólo sectoriales. Los encargados de la planificación estratégica pueden compatibilizar sus propios intereses sectoriales con los objetivos de la superpotencia estadounidense, pero no contra estos (aunque sí en perjuicio de las clases desfavorecidas). Sería difícil entender por qué tiene tanto respaldo la política del gobierno Bush entre diversos sectores sociales si no asumimos que existe un conocimiento compartido, al menos entre las élites de los negocios, de que la guerra empuja la marcha de la economía.

El punto de vista de Paul Samuelson resulta bastante más chocante, pero es en este aspecto más realista que el de Stiglitz, a pesar de su cínica aceptación de las reglas de juego del gobierno de Bush. Samuelson dice sin tapujos: «El gasto de más de un billón de dólares en la ocupación de Iraq efectuado por Bush puede, sí, reforzar la creación de puestos de trabajo en Estados Unidos en un momento como el actual, en el que tantos puestos se pierden permanentemente en favor de China, India y otras sociedades emergentes con salarios bajos.» Se admite así, implícitamente, que la guerra es un resorte del sistema para crear nuevos empleos y, al mismo tiempo, que sirve para reactivar una economía incapaz de competir eficazmente con sus productos de exportación en los mercados internacionales.

Es un hecho que la guerra imprimió un movimiento expansivo a la economía estadounidense después del estallido de la burbuja tecnológica y los escándalos financieros que pusieron fin a la ilusión de un «crecimiento permanente». Con la guerra, el PIB aumentó desde un 0,2% en el cuarto trimestre de 2002, hasta un máximo del 7,2% en el tercer trimestre de 2003, oscilando desde entonces entre un 4,3% y un 3,3%, un nivel superior al de finales de 2001 y todo 2002. Un nivel, sin embargo, muy distante del de un país floreciente como China, cuyo PIB creció durante toda la última década entre un 8% y un 10% anual, sin necesidad de ninguna guerra que le sirviera como estímulo.

El crecimiento económico impulsado por el gasto militar es una gran fuente de endeudamiento y de déficit presupuestario, más aún cuando se aplican planes de reducción de impuestos. De este modo, el enorme y creciente déficit de la balanza comercial de Estados Unidos y los no menores déficits por cuenta corriente y fiscal explican la necesidad de atraer cada vez más capitales del exterior para financiar la deuda. Los bancos centrales de varios países asiáticos, principalmente el de China, atesoran activos designados en dólares, tales como bonos del Tesoro de Estados Unidos, a ritmos acordes con su rápido crecimiento.[5] El 70% del déficit corriente de Estados Unidos se financia con inversiones de los bancos centrales de China, Japón, Corea del Sur, Alemania y otros países. Esta situación de la economía estadounidense tan dependiente del ahorro externo coloca al dólar en la cresta de una ola financiera que le impide realizar una devaluación

5. Las reservas de China alcanzaron en 2005 un máximo histórico de 800.000 millones de dólares, superando incluso a Japón como mayor poseedor mundial de divisas extranjeras, y se estima que a finales de 2006 se aproximarán al billón de dólares. (*The New York Times*, 16-3-2006). Algunas estimaciones, probablemente exageradas, cifran en 200.000 millones de dólares anuales los activos designados en dólares adquiridos por capital chino en los últimos años.

competitiva para mejorar la capacidad exportadora. La economía estadounidense se mueve en el marco de un retorno cada vez más acusado al capitalismo rentista, predominante a finales del siglo XIX, que por su propia naturaleza acaba socavando la base productiva y hace de las burbujas especulativas el motor de la acumulación de capital. Mantener la paridad del dólar con el euro y otras divisas fuertes es una condición de existencia de la economía financiera estadounidense para conservar la hegemonía en los mercados de valores globalizados y refinanciar su gigantesca deuda. En este contexto, no es extraño que el anuncio de algunos países (como Corea del Sur o Venezuela) de que piensan diversificar sus reservas en divisas vendiendo dólares produzca sustos y pequeñas conmociones en el corazón financiero de Wall Street.

Tal como sostiene Peter Gowan, la hegemonía política de Estados Unidos sobre Oriente Medio tiene un rédito directo para el dólar: «Un país que controla políticamente a los proveedores mundiales de petróleo puede asegurarse de que el petróleo se valore y se pague principalmente en dólares y, de este modo, puede defender el dominio internacional de su moneda.»[6]

Pero, ¿cómo benefician al área del dólar los aumentos del precio del petróleo? En primer lugar, al ser el dólar la moneda de pago más común del petróleo, un gran aumento del precio del petróleo modifica la composición en divisas del comercio exterior de los países importadores, en algunos casos de forma sustancial (muchos países asiáticos y europeos, tales como Japón o Alemania, por ejemplo, importan más del 90% del petróleo que consumen). Un país X, que a finales de 1998 importaba 100 millones de dólares de petróleo (supongamos que esta cifra represente un 10% de sus importaciones) a un precio no manipulado, necesitará disponer en 2005 de casi 700 millones de dólares para adquirir la misma cantidad de petróleo, contando con escasas posibilidades de reducir a corto plazo el consumo. Esto implica que el porcentaje de importaciones designado en dólares de ese país X aumentará proporcionalmente, mejorando la posición internacional del dólar con respecto a otras divisas.

---

6. Gowan, Peter: «La hegemonía norteamericana en el mundo de hoy», *Monthly Review*, Selecciones en castellano, nº 2, Hacer Editorial, Barcelona, 2004.

A esto hay que añadir, en segundo lugar, los «estímulos» que supone el militarismo para la economía del área dólar y sus efectos psicológicos sobre las expectativas de los inversores externos, que aprecian más al dólar cuando Estados Unidos realiza demostraciones de fuerza en el escenario internacional. En tercer lugar, juegan también en favor del dólar los desequilibrios y la competencia desigual que se genera entre las economías que participan de la «tarta petrolera» con actores propios (principalmente Estados Unidos y Gran Bretaña, bases de las mayores compañías petroleras) y las economías de los países que resultan perjudicados por esta política. En cuarto y último lugar, pero no menos importante: uno de los mayores beneficios que obtiene la economía estadounidense de un petróleo caro es la afluencia a su sector financiero del excedente de capital acumulado por los países exportadores de petróleo, en forma de petrodólares.

Veamos algunos de estos aspectos con mayor detalle.

En Estados Unidos, durante los últimos años, la economía del militarismo ha venido a sustituir parcialmente en la acumulación de capital y en la creación de empleos a la economía productiva orientada al consumo interno. El impulso al militarismo se da en un momento en el que las grandes empresas industriales de productos de consumo masivo anuncian enormes pérdidas y destrucción de empleos. Es ejemplar el caso de la industria del automóvil, incapaz de soportar la competencia de las compañías asiáticas. A finales de 2005, General Motors decidió cerrar una decena de plantas y despedir a 30.000 trabajadores. A comienzos de 2006 le siguió Ford, con otros 30.000 despidos (el 25% de su plantilla en América del Norte) y el cierre de 14 fábricas. La pérdida de cuota de mercado y el excedente de capacidad industrial han dejado las calificaciones crediticias de las dos grandes multinacionales del automóvil en un nivel igual al de los llamados «bonos basura», mientras van tomando el relevo en los primeros puestos de ventas los fabricantes asiáticos, principalmente japoneses (Toyota, Honda y Nissan).[7]

---

7. El caso de Toyota es muy significativo, ya que obtiene un 40% de sus ingresos del mercado interno de Japón, y otro 40% del mercado norteamericano, y tiene unos beneficios del orden del 10% de los ingresos, mientras aumentan las pérdidas de sus competidores estadounidenses. Su valor en bolsa supera ampliamente al de General Motors, Ford y DaimlerCrysler juntas. (*La Vanguardia Dinero*, 26-2-2006).

Por otra parte, la devaluación «contenida» del dólar que se produjo en los últimos años no consiguió mejorar la balanza comercial de Estados Unidos, ya que la brecha entre exportaciones e importaciones siguió ampliándose. A diferencia de otros países que también cuentan con una economía diversificada y que pueden aspirar a posiciones más competitivas en el mercado internacional mediante una devaluación de su moneda, es impensable que el dólar, en la actual fase de economía financiera del capitalismo estadounidense, pueda devaluarse hasta el punto de conseguir este efecto, ya que semejante caída probablemente arrastraría al sistema financiero y los mercados de valores.

El déficit exterior de Estados Unidos alcanzó en 2005 su noveno record en los últimos diez años, con números rojos en la balanza por cuenta corriente que ya equivalen al 6,5% del PIB (805.000 millones de dólares) y un incremento del 20% con respecto al año anterior. Este desequilibrio, junto con el creciente déficit fiscal, es la principal causa de la caída del dólar en un contexto de crecimiento sostenido del PIB y desempleo relativamente bajo (a pesar de la destrucción de empleos en la industria). Paradójicamente, el gobierno de Estados Unidos atribuye —con razón— el aumento del déficit al encarecimiento de la «factura energética».

La vía escogida por Estados Unidos para mantener su economía en marcha no es la de promover una gran capacidad exportadora, según el modelo japonés y chino, sino la de una «sobreprotección» política de la posición del dólar, moneda en la que cotizan las principales bolsas del mundo, reserva de referencia de los bancos centrales de casi todos los países y moneda de pago del petróleo en el mercado internacional. Esta última cualidad tienen un valor añadido para su sistema financiero: cuando el precio del petróleo aumenta hasta un nivel muy alto, los excedentes de capital de los países exportadores de petróleo generan una gran masa de petrodólares fácilmente reciclables para enjugar el déficit y sostener el valor del dólar.

Desde comienzos de la década de 2000, en las bolsas de los países más ricos del Golfo Pérsico (Arabia Saudí, Bahrein, Dubai, EAU, Kuwait, Qatar) se fueron formando enormes burbujas especulativas como consecuencia de la estrategia de 'petróleo caro' del gobierno de Estados Unidos; como contrapartida, al llegar a un techo las cotizaciones bursátiles, comenzó el flujo de petrodólares desde esos mercados de valores sobrevalorados hacia las plazas financieras de Nueva York y Londres. Con las características particulares del momento, se repite ahora el mismo patrón de flujo de capitales que en las anteriores 'crisis del petróleo'.

La burbuja bursátil de los países exportadores de petróleo da una idea del excedente de capital que se genera en forma de petrodólares. La capitalización de todas las bolsas de Oriente Medio aumentó en cinco años en un 950%, desde 99.000 millones de euros en 2000, hasta 940.000 millones de euros a finales de 2005. Una parte de este dinero es efímera, ya que puede volatilizarse con el estallido de la burbuja bursátil, pero esto ocurre cuando otra parte sustancial de esos capitales sale rápidamente al exterior en busca de nuevas oportunidades de inversión. Las altas tasas de interés del dólar y la posibilidad de invertir en un entorno financiero fiable y seguro sirven como reclamo para atraer estos flujos monetarios hacia la economía de Estados Unidos.[8]

La estrategia económica y geopolítica de un petróleo caro, además de beneficiar al denominado complejo militar-industrial y a las compañías petroleras, permitió a la Reserva Federal aumentar considerablemente las tasas de interés, compensando la inflación causada por el aumento del precio de la energía y el transporte. En efecto, la Reserva Federal aumentó catorce veces las tasas de interés en un año y medio, desde el 1% de junio de 2004, hasta el 4,5% de comienzos de 2006, duplicando ya a finales de 2005 la tasa de interés de la zona

---

8. En los primeros meses de 2006 comenzó a producirse una veloz caída del valor de las acciones de las bolsas del Golfo Pérsico. En menos de veinte días, la caída bursátil fue del orden del 30% en Arabia Saudí, lo cual no es poco, ya que este país concentra más de la mitad de la capitalización total de las bolsas de la región. En ese momento, el contexto geopolítico regional resultaba cada vez más explosivo, con la guerra de Iraq totalmente fuera de control, el endurecimiento de las relaciones entre israelíes y palestinos y, a juzgar por gestos y declaraciones, los preparativos psicológicos para emprender un ataque contra Irán. En un contexto como este, los petrodólares huyen rápidamente desde las sobrevaloradas bolsas del Golfo hacia otras plazas financieras más seguras. Al decir de un analista jordano, en una situación así «los petrodólares pueden cambiar de dirección. Muchos inversores quieren invertir ahora su riqueza en Europa y Estados Unidos». («Pánico en el Golfo Pérsico», *La Vanguardia*, 15-3-2006).

euro. Esta tendencia se trasladó después a la eurozona, donde, a comienzos de 2006, el BCE decidió subir las tasas de interés del euro por primera vez en casi tres años. Esta estrategia económica tiene como principal objetivo sostener al dólar en los mercados de divisas, aunque también beneficia, como es obvio, al capital financiero, al mismo tiempo que intenta restringir el crédito y evitar más riesgos de sobrevaloración del mercado inmobiliario.

No obstante, el recorrido de las tasas de interés tiene un límite, sobre todo en un contexto de alto endeudamiento de los hogares y en medio de una burbuja inmobiliaria tanto más próxima a estallar cuanto más se encarezca el crédito. En efecto, una combinación de desvalorización de activos, altas tasas de interés y devaluación de la moneda es el peor escenario imaginable para los analistas de Wall Street, ya que este escenario evoca las graves crisis económicas y financieras experimentadas durante los últimos años por diversos países.

El horizonte para la revalorización del dólar se sitúa ahora, principalmente, en los efectos indirectos que vuelve a tener sobre la cotización de la moneda estadounidense un precio del petróleo artificialmente elevado. Por ejemplo, se podría forzar otro aumento del precio del petróleo mediante la activación de un nuevo conflicto en el Golfo Pérsico o en otras zonas de Oriente Medio. Un conocido banco de inversiones, Goldman Sachs, haciéndose eco indirectamente de la estrategia del gobierno de Bush, pronosticó en abril de 2005 la posibilidad de un precio del petróleo superior a los cien dólares por barril.

Esta previsión podría cumplirse en un entorno geopolítico enrarecido como el actual, por el agravamiento del conflicto de Iraq y el anunciado estallido de una guerra civil, así como por las posibles sanciones occidentales contra Irán o, peor aun, el temible bombardeo de sus centrales nucleares según los planes filtrados por el ejército israelí.[9] También operaría en esta dirección una intervención mi-

9. Un conflicto bélico prolongado con Irán, además, contribuiría a socavar el suministro de petróleo desde ese país a las potencias rivales de Estados Unidos, como es el caso China. Actualmente Irán negocia un acuerdo con China para ceder a la petrolera Sinopec el 51% de la concesión de los campos petrolíferos de Yadavaran, con capacidad de producción de 300.000 barriles diarios. Asimismo, estaría por firmarse un gran acuerdo de suministro de gas natural iraní para China con vigencia para los próximos 25 años.

litar contra Siria por su actuación en Líbano o por servir de refugio a la resistencia iraquí, una intensificación de la guerra entre un Israel gobernado por Kadima y una Palestina gobernada por Hamás, o una escalada de nuevos sabotajes a las infraestructuras petrolíferas de Arabia Saudí. Mediante cualquiera de estas opciones, o a través de una combinación escalonada de algunas o de todas ellas, el precio del petróleo podría dispararse hasta un límite insospechable. Ello brindaría indudables ventajas a Estados Unidos, Gran Bretaña y a otros países productores e intermediarios en el mercado internacional del petróleo con respecto a otras áreas de la economía mundial.

Conclusiones

Las ambiciones de las potencias petroleras sobre los yacimientos del Golfo Pérsico se remontan a finales del siglo XIX y comienzos del siglo XX, cuando el aún dominante imperio británico controlaba *manu militari* la producción de petróleo en Iraq e Irán a través de las compañías Irak Petroleum Co. y Anglo-Iranian Oil Co. Desde entonces fueron frecuentes las guerras y los golpes de estado para instalar regímenes tuteladores de los intereses occidentales en la región. La nacionalización de los recursos petrolíferos de Irán y el enfrentamiento con la Standard Oil (actual Exxon) y la Royal Dutch (Shell) culminaron en 1953 con el derrocamiento del gobierno de Mossadegh, en la primera gran operación regional de la CIA, coincidiendo con la entrada de las compañías petroleras estadounidenses en el capital de la Anglo-Iranian. La asociación entre el capital británico y estadounidense en la región se había iniciado previamente en Iraq, con la participación de la Standard Oil en Irak Petroleum, en 1927.

Con estos antecedentes no puede descartarse que el mayor premio para la actual política anglo-estadounidense en Oriente Medio vuelva a ser el dominio directo de sus riquezas petrolíferas. Sin embargo, a comienzos del siglo XXI, esta vuelta al colonialismo más trasnochado tiene escasas posibilidades de éxito. El expansionismo estadounidense en la región es rechazado por la población con creciente intensidad y se percibe como una fuerza puramente destructiva. De manera rutinaria las tropas de ocupación masacran a civiles, torturan y humillan a los prisioneros, apoyan y entrenan a un Ministerio del Interior dotado de escuadrones de la muerte, fusilan a inocentes en señal de venganza, instalan en el poder a políticos corruptos y ex agentes de la CIA que no cuentan con respaldo alguno, fomentan la guerra civil y hacen buenos negocios con la maquinaria de sembrar la muerte; pero cumplidos ya tres años de esta estrategia criminal no se consigue recuperar el control del territorio, ni reconstruir el país, ni tan siquiera producir petróleo.

Es improbable que el gobierno de Bush haya creído que la ocupación de Iraq permitiría estabilizar pronto el país para crear las condiciones políticas necesarias para su resurgimiento económico. Iraq no podrá transitar por el camino de la reconstrucción del país y de su aparato productivo mientras se prolongue la intervención militar. En cambio, hay un cálculo económico en la política exterior de Estados Unidos para esta región que va más lejos de los objetivos manifiestos (democratizar el país) y presumiblemente ocultos (apropiarse del petróleo).

En este artículo se ha visto que las guerras del petróleo pueden tener efectos notables para la economía sin necesidad de que llegue a concretarse una ocupación operativamente rentable del país en cuestión. En determinados contextos económicos, como el actual, los países que controlan los flujos internacionales del mercado del petróleo pueden obtener más provecho «dejando fuera de servicio» a algunos grandes productores que estimulando su producción petrolífera.

Los vínculos entre geopolítica y economía del petróleo que se observan en los tres años transcurridos desde la invasión de Iraq guardan un claro paralelismo con los escenarios que caracterizaron a las anteriores crisis del petróleo, causadas también por la inestabilidad política y las situaciones de conflicto en Oriente Medio. El comportamiento del mercado internacional del petróleo en tales circunstancias y sus implicaciones sobre el conjunto de la economía estadounidense y mundial se ha explicado en trabajos anteriores a la invasión de Iraq, de tal forma que esta última guerra permite poner a prueba esas hipótesis.[10] Puede decirse que el juego de

10. Véase, por ejemplo, E. Giordano, «Sube el petróleo, baja el euro. Las explicaciones periodísticas de la economía internacional», *El Viejo Topo*, nº 142, julio/agosto 2000, y E. Giordano, «La representación de los conflictos bélicos en la información económica», *Voces y Culturas*, nº 17, Primer semestre 2001.

intereses involucrados y las estrategias puestas en práctica por los actores en términos generales son coincidentes.

Desde esta perspectiva, los desequilibrios macroeconómicos de Estados Unidos y el papel parasitario del dólar sobre el ahorro mundial son los factores determinantes de la estrategia de Washington favorable al alza del precio del petróleo y de su actuación geopolítica al efecto, materializada actualmente en la guerra de Iraq. De este modo, las guerras del petróleo no sólo favorecen a determinados sectores de la economía estadounidense, sino que intervienen en auxilio del dólar, en particular cuando ya no es posible abusar de las tasas de interés para atraer capitales y apreciar la moneda, porque ello se traduciría en un mayor endeudamiento interno y en un freno al crecimiento.

La manipulación del mercado del petróleo a través de tensiones geopolíticas no es algo nuevo, sino un recurso incorporado a la planificación estratégica de la política económica y exterior de Estados Unidos, al que se recurre en los momentos de recesión (1990, 2001) o para evitar una devaluación del dólar que comporte una pérdida de la hegemonía de Wall Street sobre las finanzas mundiales. El aumento del precio del petróleo asociado a una política exterior militarista en el Golfo Pérsico induce un movimiento de capitales favorable al área del dólar, al mismo tiempo que produce la inflación suficiente para incrementar las tasas de interés, lo cual, a su vez, en un contexto de crecimiento económico espoleado por el gasto militar, revierte en una mayor fortaleza del dólar.

ANEXO 1

QUÉ FUTURO NOS ESPERA.
DATOS BÁSICOS SOBRE LA CRISIS DEL PETRÓLEO

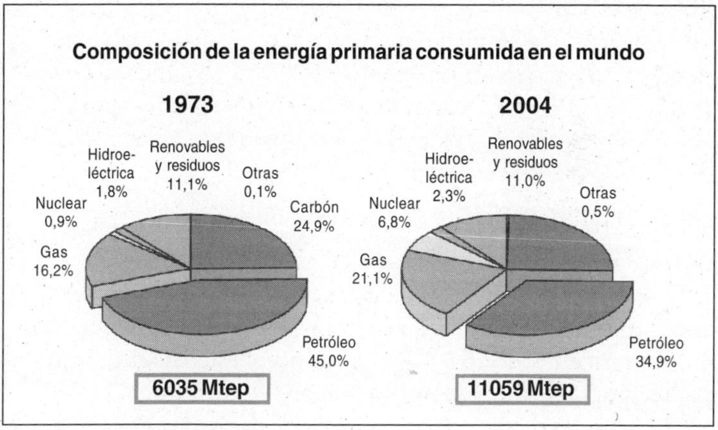

Fuente: IEA, Key World Energy Statistics, 2006.

Las reservas y su evolución

La explotación de un recurso como el petróleo aumenta lentamente al principio, cuando los mercados son restringidos y las tecnologías poco desarrolladas, y se acelera después hasta alcanzar uno o varios picos, y disminuir gradualmente más tarde hasta el agotamiento final. El pico máximo tiende a coincidir con el momento en que la producción acumulada —o cantidad ya extraída del subsuelo— llega aproximadamente a la mitad de la cantidad total recuperable. La cantidad total recuperable es la suma de la cantidad ya extraída (bien conocida), las reservas (calculadas con distintos grados de probabilidad) y lo todavía por descubrir (es decir, la parte de los recursos que se considera que puede llegar a convertirse en reserva). El ciclo completo vendría así representado por una curva acampanada, con un ascenso y un descenso separados por un punto o zona de inflexión que se inicia cuando se ha bombeado ya aproximadamente la mitad del crudo recuperable. A partir de este momento los esfuerzos técnicos y financieros pueden disminuir la tasa de declive, pero no invertir la tendencia a la baja de la extracción.

Las *reservas finales recuperables* (*ultimate recoverable reserves*) son la suma de:

- La producción acumulada (o cantidad ya extraída)
- Las reservas probadas.
- Las reservas probables.
- Las reservas posibles.
- Las reservas por descubrir.

El «pico del petróleo» y la curva de Hubbert

El pico máximo del petróleo (*peak oil*) se suele denominar «pico de Hubbert» debido a que el geólogo así apellidado estimó que la producción de petróleo de los Estados Unidos (salvo Alaska) llegaría a un máximo entre 1966 y 1971, iniciando desde ese momento un declive imparable. El fenómeno que predijo tuvo lugar en 1970.

El éxito predictivo de este modelo de desarrollo de las reservas petrolíferas en el caso de los Estados Unidos ha llevado a aplicarlo a otras reservas e incluso a las reservas mundiales. Pese a la relativa fiabilidad del modelo de Hubbert, existen discrepancias importantes en las estimaciones sobre las cantidades finales recuperables y sobre el momento en que puede tener lugar el pico del petróleo. Sin embargo, las estimaciones sobre esa cantidad total recuperable han tendido a converger en torno a sumas ligeramente superiores a los dos billones de barriles. La producción acumulada hasta ahora se aproxima a la mitad de esa cantidad, y por tanto el pico de la producción puede estar muy próximo.

Producción mundial de petróleo según la Asociación para el Estudio del Cenit del Petróleo (ASPO)

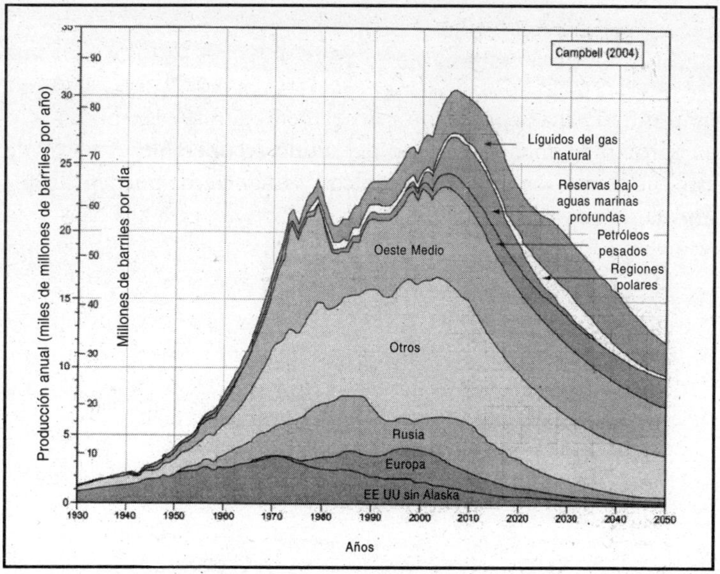

El siguiente gráfico reproduce la proyección de la producción mundial de petróleo realizada por Hubbert en 1971 y publicada en *Scientific American*. La curva superior muestra que, aunque las reservas fuesen vez y media mayores, la fecha del pico de la producción solo se retrasaría ocho años, y el tiempo que la humanidad invertiría en consumir el 80% de todas las reservas mundiales se ampliaría tan solo seis años.

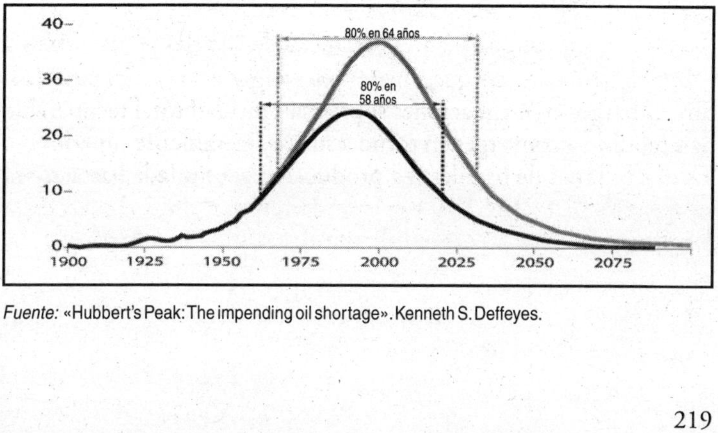

Fuente: «Hubbert's Peak: The impending oil shortage». Kenneth S. Deffeyes.

Relaciones entre descubrimientos de reservas y extracción de petróleo

Según Colin Campbell los descubrimientos de nuevas reservas llegaron a su punto culminante en 1960 y luego han tendido a disminuir en las décadas subsiguientes, aunque la disminución no es lineal, sino con alzas y bajas. En el año 2000 se situaban en torno a una quinta parte del punto máximo. Desde 1988 la extracción ha superado cada año los descubrimientos, y la separación entre ambas magnitudes crece (véase siguiente gráfico).

Observando lo ocurrido con las reservas de los Estados Unidos (con la exclusión de Alaska), se ve que los descubrimientos alcanzaron su máximo en 1930, es decir, 40 años antes de alcanzarse el pico de la extracción, en 1970. Pues bien, si el punto máximo de extracción a escala mundial se alcanzó en 1960, como afirma Campbell, en 2000 se cumplían 40 años desde aquella fecha. Este dato refuerza la probabilidad de que a escala mundial estemos muy cerca del pico del petróleo o lo hayamos rebasado ya.

Descubrimientos
(medias trienales y producción hasta 2005)

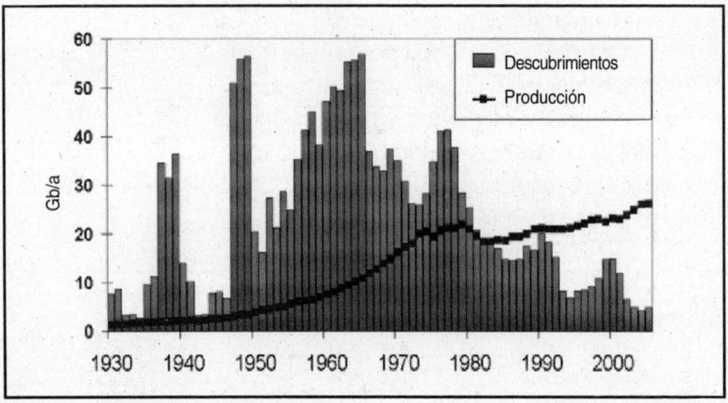

Fuente: ASPO, Newsletter, 28 de abril de 2003.

El comercio internacional de combustibles fósiles

Los combustibles fósiles, que representan cerca del 80% de la energía primaria consumida en el mundo, están desigualmente repartidos por la superficie de la Tierra, de modo que obligan a un trasiego importante de los mismos. Los cómputos de los flujos comerciales internacionales nos pueden dar una imagen aproximada del volumen de dichos trasiegos.

Si se examinan las distintas partidas del comercio internacional medidas en valor monetario (gráfico 1), se observa que en 1995 las manufacturas representaban el 76,94% de dicho comercio, mientras que los combustibles representaban sólo el 7,38%. Si en cambio acudimos a la medición de dichas partidas en términos físicos (concretamente en tonelaje, véase gráfico 2 de la página siguiente), los combustibles pasan a representar el 42,70% del total mundial, muy por encima del 20,14% que suponen las manufacturas.

En otras palabras: más del 40% de todo el peso de mercancías que circulan por el mundo corresponde a fuentes de energía. Esto da una medida impactante del enorme despilfarro que supone el uso de unas fuentes de energía que, además de finitas y contaminantes, requieren enormes inversiones para su transporte desde su punto de extracción hasta el lugar de consumo. Miles de buques, trenes y otros vehículos de transporte y miles de kilómetros de oleoductos y gasoductos cruzan la superficie del planeta para hacer

Gráfico 1
Estructura del comercio mundial en valor, 2000
(%)

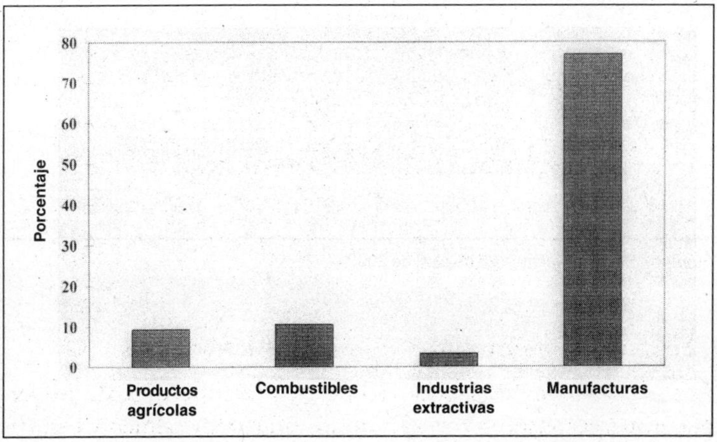

Gráfico 2
Estructura del comercio mundial en tonelaje, 2000
(%)

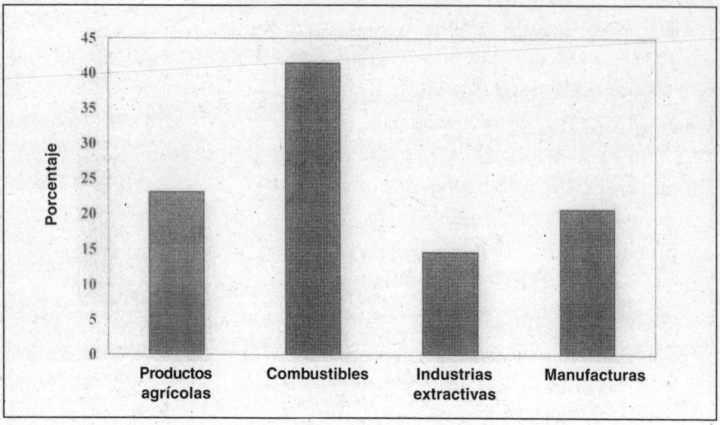

posible la satisfacción de las necesidades energéticas humanas. Además de los restantes inconvenientes económicos y ambientales de estas fuentes de energía, este trasiego ilustra la existencia de unos riesgos adicionales: escapes en las conducciones, mareas negras, etc., pero también guerras y riesgos de sabotajes.

Estos datos ilustran también las ventajas de las energías renovables, que al poder captarse *in situ* —es decir, allí donde se consumen o muy cerca—, ahorran este transporte tan oneroso y la conflictividad en torno al control de unas reservas tan desigualmente repartidas en la corteza terrestre.

Cifras actualizadas (2007) de la producción mundial de petróleo según la AIE (Agencia Internacional de la Energía) y algunas previsiones

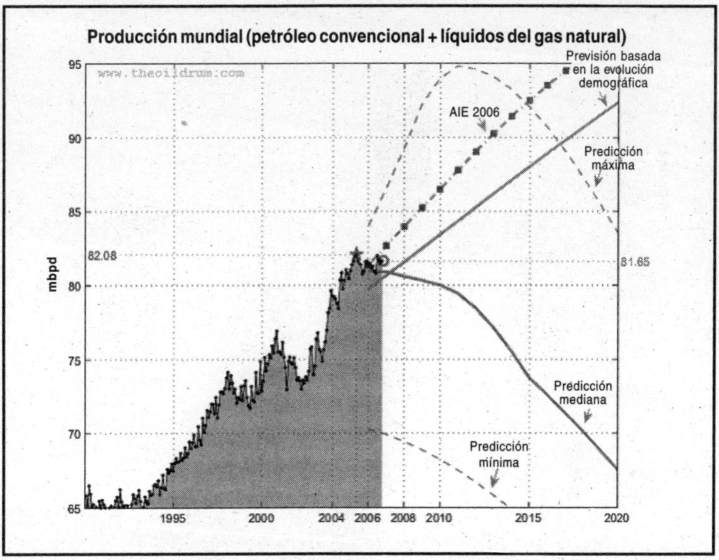

Producción mundial de petróleo (suma de petróleo convencional y líquidos del gas natural) según la publicación de la Agencia Internacional de la Energía *EIA Monthly*. Representa una proyección no optimista, y sin embargo sitúa el pico del petróleo entre 2010 y 2015. La previsión mediana se calcula a partir de nueve modelos que predicen un pico antes de 2020 (Bakhiarti, Smith, Staniford, Loglets, Shock model, GBM, ASPO-[70, 58, 45]).

ANEXO 2

LAS ESTADÍSTICAS DE LA ENERGÍA Y SUS TRAMPAS

Josep Puig i Boix

En muchas estadísticas energéticas ocurre un hecho sintomático. Cuando se contabiliza la aportación de la electricidad en el consumo de energía primaria, se trata la electricidad nuclear y la generada con las fuentes de energía renovable con criterios diferentes. Eso hace que salga favorecida la nuclear y desfavorecidas las renovables.

En muchas estadísticas energéticas (las de Eurostat, las españolas, las catalanas...) se hace trampa, de modo que parezca que la electricidad nuclear tiene un papel más importante del que realmente tiene, o haciendo que la electricidad renovable tenga menos importancia de la que realmente tiene. Veamos cómo se hace esta trampa.

El Consumo de Energía Primaria (CEP) en el mundo fue, el año 2003, de 10.224 Mtep (millones de toneladas equivalentes de petróleo). Las estadísticas oficiales dicen que la aportación nuclear al CEP fue del 6,1% (624,3 Mtep) el año 2003. Pero si observamos la energía eléctrica que el año 2003 aportó la fisión nuclear, veremos que los reactores nucleares en funcionamiento generaron 2.758,4 TWh (1 teravatio-hora = mil millones de kWh) de electricidad, que es la única forma de energía útil que aporta la fisión del átomo de U-235. Si se hace la transformación de energía eléctrica a energía térmica (a razón de 860 kcal/kWh), se obtiene que los 2.758,4 TWh equivalen a 237,2 Mtep, una cifra que comparada con los 624,3 Mtep que se leen a las estadísticas oficiales, es 2,6 veces más pequeña. Por lo tanto la real aportación energética útil de la nuclear sería del 2,3% y no del 6,1% como se afirma en base a las estadísticas energéticas de los organismos oficiales.

La razón de esta descarada manipulación radica en el hecho que cuando transforman la electricidad nuclear a energía térmica, no utilizan el factor de conversión de 860 kcal/kWh (que es la energía térmica que se obtiene a partir de 1 kWh de electricidad) sino que utilizan un factor bastante superior: 2.500 kcal/kWh, como si la electricidad se hubiera generado en una central térmica de combustibles fósiles, donde en la caldera hay que quemar una cantidad de combustible que dé unas 2.500 kcal, que son las necesarias para producir 1 kWh de electricidad con la transformación vapor-turbina-generador. Utilizar este factor de conversión tiene su razón de ser cuando se quema un combustible fósil, ya que se habrán consumido las correspondientes toneladas físicas de petróleo o carbón, cosa que no pasa en el núcleo de un reactor nuclear, donde el calor se genera mediante la fisión de los núcleos de los átomos de un isótopo del uranio: el uranio 235.

En Cataluña también se hace esta trampa. El Plan de Energía de Cataluña 2006-2015 dice que el Consumo de Energía Primaria fue, en 2003, de 25,9 Mtep y que la aportación de la energía nuclear fue de 6,4 Mtep. Por lo tanto, la contribución de la energía nuclear al consumo de energía primaria de Cataluña es del 24,7%, según los organismos oficiales del país.

Vamos a ver la realidad. El año 2003 los tres reactores nucleares en funcionamiento en Cataluña generaron 25.375,8 GWh (1 gigavatio-hora = 1 millón de kWh). Si se hace la conversión de esta cantidad de energía eléctrica en energía térmica equivalente (a razón de 860 kcal/kWh), se obtiene que el año 2003, la energía nuclear aportó 2,2 Mtep y, por lo tanto, su contribución real fue del 8,4% y no del 24,7% como nos quieren hacer creer. Para obtener la cifra que se lee en el Plan de Energía de Cataluña hay que utilizar un factor de transformación térmico-eléctrica de 2.530 kcal/kWh, factor muy superior, incluso, al que utiliza la empresa BP en las estadísticas energéticas mundiales que anualmente publica.

Lo más «curioso» de todo es que mientras a la energía nuclear se la trata con este privilegio, no pasa lo mismo cuando se trata de cuantificar la aportación de la energía eléctrica generada con fuentes de energía renovable.

Vamos a verlo con la energía eólica en el Estado español. El consumo de energía primaria en el Estado español fue, el año 2003, de 136 Mtep, en cuya suma las renovables contribuyeron con un 6,8% según los organismos oficiales. De esta contribución, la energía eólica aportó un 0,8% (o sea, 1,088 Mtep). A finales del año 2003 había instalados en el Estado Español 6.328 MW eólicos, que durante el año 2003 generaron 15,133 TWh. El equivalente térmico de esta cantidad de electricidad (a razón de 860 kcal/kWh) es de 1,3 Mtep. Pero si se hace la misma transformación que hacen los organismos oficiales con la electricidad nuclear (2.540 kcal/kWh) resultan 3,8 Mtep, lo que quiere decir que la electricidad eólica, si se le aplica el mismo criterio que a la electricidad nuclear (y no hay ninguna razón para no hacerlo), hizo una contribución al consumo de energía primaria español del 2,8%, el año 2003, y no del 0,8% que dicen los organismos oficiales.

Esta forma de proceder que se practica habitualmente en el mundo de la energía refleja unos principios ideológicos muy claros: favorecer la nuclear y desprestigiar las renovables.

Sería lógico pedir que se tratara estadísticamente a la energía nuclear como hasta ahora se ha tratado a las renovables o que se tratara a las renovables como hasta ahora ha tratado a la nuclear. No hacerlo y mantener la situación actual significa posicionarse muy claramente a favor de la nuclear.

NOTA SOBRE LOS AUTORES

Óscar Carpintero. Profesor de Economía Aplicada de la Universidad de Valladolid. Entre sus publicaciones destacan los libros *Entre la economía y la naturaleza* (1999), *El metabolismo de la economía española. Recursos naturales y huella ecológica(1955-2000)* (2005), *La bioeconomía de Nicholas Georgescu-Roegen* (2006). Ha colaborado con José Manuel Naredo en varios trabajos, en particular en *El Balance Nacional de la economía española (1984-2000)* (2002). Pertenece a La International Society for Ecological Economics, a la Fundación Nueva Cultura del Agua y a Científicos por el Medio Ambiente.

Ernest Garcia. Catedrático del Departamento de Sociología y Antropología Social de la Universidad de Valencia. Ha enseñado, investigado y escrito sobre cambio social, sociología de la educación y sociología ecológica. Algunos de sus libros son *Valencia, l'Albufera, l'horta. Medi ambient i conflicte social* (1997, con M. Cabrejas) *El trampolín fáustico. Ciencia, mito y poder en el desarrollo sostenible* (1999), *La sostenibilidad del desarrollo: el caso valenciano* (2000, con E. Bono, R. Almenar, P. Duart *et al.*) y *Medio ambiente y sociedad. La civilización industrial y los límites del planeta* (2004).

Eduardo Giordano. Director e impulsor de la revista de comunicación *Voces y Culturas*. Autor, entre otros trabajos, de los libros *Europa en el juego de la comunicación global: monopolios y* *control de la información* (1988), *Políticas de televisión: la configuración del mercado audiovisual* (1999), ambos en colaboración con Carlos Zeller, *Conversaciones con James Petras: la izquierda antes y después de la caída del muro* (1995) y *Las guerras del petróleo. Geopolítica, economía y conflicto* (2002).

Mariano Marzo. Catedrático de Estratigrafía y profesor de Recursos Energéticos y Geología del Petróleo en la Facultad de Geología de la Universidad de Barcelona. Miembro de la Reial Acadèmia de Ciències i Arts de Barcelona y socio de honor de AEREN (Asociación para el Estudio de los Recursos Energéticos). Autor de numerosas publicaciones científicas, forma parte los consejos editoriales de revistas de gran prestigio internacional en el campo de la geología, como *Basin Research*, *Geology* y *Sedimentology*. Mantiene una relación continuada con la industria del petróleo y del gas a través de la investigación aplicada y la formación continuada. miembro de la American Association of Petroleum Geologists y de la European Association of Petroleum Geoscientists & Engineers. Colabora en *La Vanguardia* y en diversas emisoras de radio y televisión de nuestro país.

José Manuel Naredo. Economista y estadístico, destaca por sus aportaciones a la economía ecológica y, en particular, al estudio de la agricultura, la economía del agua, la contabilidad física de los materiales y la energía, así como en temas inmobiliarios y financieros. Autor de *La economía en evolución* (1987, 3ª ed. 2003), *Desarrollo económico y deterioro ecológico*, con A. Valero (dirs.) (1999), *Patrimonio inmobiliario y Balance Nacional (1991-2004)*, con O. Carpintero y C. Marcos (2005), *La incidencia de la especie humana sobre la faz de la Tierra (1955-2005)*, con L. Gutiérrez (eds.) (2005) y *Raíces económicas del deterioro ecológico y social: más allá de los dogmas* (2006). Cuenta con una interpretación *sui generis* de la «transición política» española en *Por una oposición que se oponga* (2001).

Josep Puig i Boix. Ingeniero industrial y profesor de Energía y Sociedad de la Universidad Autónoma de Barcelona. Miembro activo del movimiento ecologista de Cataluña desde los años 70. Autor, entre otros trabajos, de *L'ecologisme* (1991) y *Les energies netes* (1993). Es miembro fundador del Grup de Científics i Tècnics per un Futur No Nuclear y presidente de Eurosolar España, así como miembro del comité ejecutivo internacional de Eurosolar.

Jorge Riechmann. Poeta y ensayista; actualmente trabaja como investigador de cuestiones socioecológicas en el Instituto Sindical de Trabajo, Ambiente y Salud (ISTAS), de CCOO. Es vicepresidente de Científicos por el Medio Ambiente (CIMA) y miembro de Greenpeace España y Ecologistas en Acción. Autor de numerosos artículos y libros. Entre éstos cabe destacar *Un mundo vulnerable* (2000), *Cuidar la T(t)ierra* (2003), *Gente que no quiere viajar a Marte* (2004) y *Biomímesis* (2006). Ha coordinado libros colectivos como *Necesitar, desear, vivir. Sobre necesidades humanas, desarrollo humano, crecimiento económico y sostenibilidad* (1998), *Perdurar en un planeta habitable* (2006) y *Vivir bien con menos* (2007).

Jordi Roca. Catedrático de Teoría Económica de la Universidad de Barcelona. Entre otros temas, ha trabajado sobre las relaciones entre crecimiento económico e impactos ambientales, economía de la energía y el cambio climático, indicadores macroeconómicos y fiscalidad ambiental. Coautor, con Joan Martínez Alier, del libro *Economía ecológica y política ambiental* (2000) y coeditor de *Capitalismo, desigualdades y degradación ambiental* (2001). Ha publicado numerosos artículos en libros colectivos y en revistas académicas (*Ecological Economics, Energy Policy, Environmental and Natural Resource Economics, Energy Economics...*) y de divulgación.

Joaquim Sempere. Profesor de Sociología Medioambiental en la Universidad de Barcelona. Ha publicado *L'explosió de les necessitats* (1992) y, con Jorge Riechmann, *Sociología y medio ambiente* (2000). Es miembro del consejo editorial de la revista *mientras tanto*. Sus temas actuales de interés son las necesidades humanas y la relación entre expertos y participación ciudadana en los conflictos socioecológicos.

Enric Tello. Catedrático del departamento de Historia e Instituciones Económicas de la Universidad de Barcelona, donde dirige un grupo de investigación para el estudio transdisciplinar de las relaciones existentes en el pasado o el presente entre la eficiencia de los usos de la energía y los materiales, la eficiencia territorial en el uso del suelo y la calidad ambiental de los paisajes resultantes. Miembro de varias asociaciones de historia económica y ambiental, como la European Society for Environmental History, la Fundación Nueva Cultura del Agua y el consejo editorial de *Global Environment. The Journal of History and Natural and Social Sciences*. Socio de Ecologistes en Acció y miembro del consejo editorial de la revista *mientras tanto*. Autor, entre otros, del libro *La historia cuenta. Del crecimiento económico al desarrollo humano* (2005).